Wir sprechen über Mathematik 2

Zahlen und Informationen 14

Raum und Formen 36

Größen und Messen 60

Daten, Häufigkeit, Wahrscheinlichkeit 75

Name ______________________ Datum ______________________

WIR SPRECHEN ÜBER MATHEMATIK

Benennen

Neo und Fiona sprechen über die Bedeutung des Wortes „benennen".

Auf den folgenden Seiten übst du, wichtige Informationen oder auch die Lösung einer Aufgabe zu benennen.

Neo, was muss ich tun, wenn ich etwas bei einer Aufgabe **benennen** soll?

Wenn du etwas **benennen** sollst, musst du die Lösung einfach kurz und knapp sagen oder aufschreiben. Du brauchst das, was du benennst, nicht genau beschreiben oder erklären, sondern kannst eine kurze Antwort geben.

Neo hat einen neuen Stundenplan.
Ein Stundenplan ist eine Tabelle mit Zeilen und Spalten.

- In den **Spalten** des Stundenplans stehen die Wochentage.
- In den **Zeilen** des Stundenplans stehen die Unterrichtsstunden.

1. Benenne alle Tage, an denen Neo Sport hat.

Stundenplan von Neo

Zeile

Stunde	Montag	Dienstag	Mittwoch	Donnerstag	Freitag	Samstag	Sonntag
1.	Deutsch	Sport	Mathe	Mathe	Sach-unterricht	keine Schule!	keine Schule!
2.	Deutsch	Sport	Deutsch	Musik	Mathe		
3.	Mathe	Deutsch	Sach-unterricht	Deutsch	Ethik		
4.	Mathe	Mathe	Sach-unterricht	Sport	Kunst		
5.	Englisch	Ethik	Musik	Schach-AG	Kunst		

Neo hat an diesen Tagen Sportunterricht:

____

Name ______________________ Datum ______________________

WIR SPRECHEN ÜBER MATHEMATIK

Benennen

Immer wenn Fiona eine Matheaufgabe lösen möchte, schreibt sie sich zuerst zwei wichtige Informationen auf. Sie benennt:

- ✔ Was muss ich herausfinden (Was wird gesucht)?
- ✔ Welche Informationen habe ich schon (Was ist gegeben)?

Hier siehst du ein Beispiel. So macht es Fiona:

Aufgabe:
Zwei Freunde gehen ins Kino.
Eine Kinokarte kostet 6,50 €.
Wie viel müssen die zwei Freunde für beide Kinokarten insgesamt bezahlen?

Fiona schreibt auf:

Was wird gesucht? Der Gesamtpreis für zwei Kinokarten
Was ist gegeben? Der Preis für eine Kinokarte

Rechnung: 6,50 € + 6,50 € = 13,00 €

Antwort: Zwei Kinokarten kosten 13,00 €.
Die zwei Freunde müssen für ihre Kinokarten zusammen 13,00 € bezahlen.

2. Benenne, was bei der nächsten Aufgabe gesucht wird und was gegeben ist.

Aufgabe:
Die Katze von Fionas Oma frisst am Tag eine Dose Katzenfutter. Wie viele Dosen Katzenfutter muss Fionas Oma für eine ganze Woche einkaufen?
Eine Woche hat sieben Tage.

Was wird gesucht?

Was ist gegeben?

Wochentag	Futter
Montag	1 Dose
Dienstag	1 Dose
Mittwoch	1 Dose
Donnerstag	1 Dose
Freitag	1 Dose
Samstag	1 Dose
Sonntag	1 Dose

Name ______________________ Datum ______________________

WIR SPRECHEN ÜBER MATHEMATIK

Beschreiben

Hier erfährst du, wie du etwas im Mathematikunterricht so genau wie möglich beschreiben kannst.

Die Geometrie ist ein Bereich der Mathematik, der sich zum Beispiel mit bestimmten Figuren beschäftigt. Diese Figuren nennt man daher auch geometrische Figuren.
Eine geometrische Figur, die Neo schon kennt, ist das Viereck.
Neo fällt es leicht, ein Viereck zu erkennen und zu benennen.

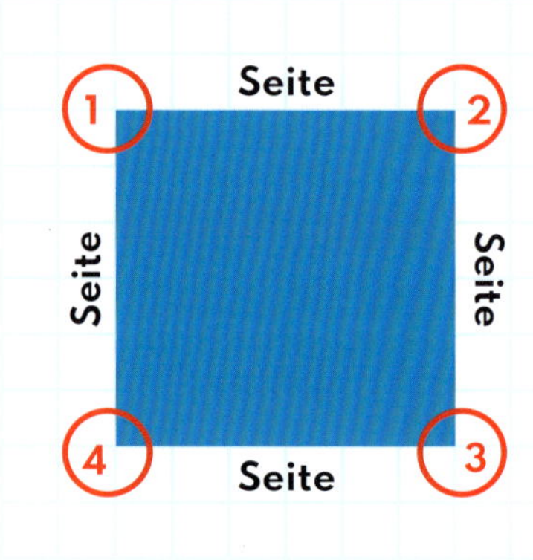

Neo kann das Viereck auch beschreiben.
Er kann es sogar so genau beschreiben,
dass Fiona es aufmalen kann, ohne es zu sehen.

Mein **Viereck** hat wie jedes Viereck **vier Ecken**. Deshalb heißt es Viereck. Ein Viereck hat gleich viele Seiten wie Ecken. Mein Viereck hat also **vier Seiten**. Jede **Seite** meines Vierecks ist sechs Kästchen lang. Die Seiten stehen senkrecht zueinander. Die gegenüberliegenden Seiten sind parallel zueinander. Das ist so wie bei einem viereckigen Fensterrahmen. Das Viereck ist blau ausgemalt.

Wenn alle Seiten gleich lang sind und senkrecht zueinander stehen, ist das Viereck ein **Quadrat**.

Name ______________________ Datum ______________________

WIR SPRECHEN ÜBER MATHEMATIK

Beschreiben

Im Kunstmuseum

Wassily Kandinsky (1866–1944): Farbstudie – Quadrate mit konzentrischen Ringen (1913)

Neos Klasse macht einen Schulausflug ins Kunstmuseum. Neos Freundin Kabira ist leider krank. Sie kann deshalb nicht mitkommen. Neo hat Kabira aber versprochen, von dem Ausflug zu erzählen.
Ein Bild im Kunstmuseum ist Neo besonders aufgefallen. So ein Bild hat er noch nie gesehen. Es sieht so aus, als ob es nur aus Vierecken und Kreisen oder eher Kringeln besteht.
Vierecke und Kreise kennt Neo aus dem Mathematikunterricht.
Als Neo und Kabira sich wiedersehen, möchte er ihr das besondere Bild ganz genau beschreiben, damit sie es sich vorstellen kann.

1. Kannst du Neo helfen, das Bild für Kabira zu beschreiben? Schreibe deine Beschreibung in die Sprechblase.

Name ______________________ Datum ______________________

WIR SPRECHEN ÜBER MATHEMATIK

Erklären

Im Mathematikunterricht ist es wichtig, dass du deine Lösungswege erklären kannst. So können andere nachvollziehen, wie du auf ein bestimmtes Ergebnis gekommen bist. Auf den nächsten beiden Seiten erfährst du mehr dazu.

Neo und Rami hatten bis eben Mathematikunterricht.
In der Frühstückspause beißt Rami in einen Apfel und wendet sich an Neo.

„Du Neo, ich habe nicht ganz verstanden, was Lösungswege sind."

„Gut, dass du fragst! Ich glaube, ich habe es verstanden. Der Wortteil *Lösung* hat damit zu tun, dass es im Mathematikunterricht oft darum geht, Rechenaufgaben zu *lösen*."

„Ja, das habe ich mir schon gedacht. Aber was ist hier mit *Weg* gemeint? Bestimmt nicht, dass man irgendwo hinlaufen muss? Haha!"

„Haha, nein! Ein *Lösungsweg* zeigt, wie man beim Lösen einer Matheaufgabe vorgegangen ist. Anders gesagt: Der Lösungsweg zeigt, mit welchen Rechenschritten man zu einem bestimmten Ergebnis gelangt ist. Wir können es uns ja heute in der Hausaufgabenbetreuung nochmals gemeinsam anschauen."

In der Hausaufgabenbetreuung stellt Neo Rami eine Frage.

„Du, Rami. *15 + 9*. Was kommt heraus?"

„*24!*"

„Genau. Und wie hast du gerechnet?"

„Zuerst bis zum nächsten Zehner, also *15 + 5 = 20* und dann noch *4* dazu. Also *20 + 4 = 24*."

„Super! Dein Lösungsweg hat dich zu dem richtigen Ergebnis geführt. Ich hätte einen anderen Lösungsweg gewählt."

„Echt? Kannst du mir deinen Lösungsweg erklären?"

„Ich hätte erst *15 + 10 = 25* gerechnet und dann *25 – 1 = 24*."

Name ______________________ Datum ______________________

WIR SPRECHEN ÜBER MATHEMATIK

Erklären

„Kannst du mir deinen Lösungsweg genauer erklären?"

„Klar! Zuerst habe ich zur *9* einen Einer dazugezählt. Die *15* habe ich zu der *10* dazu gerechnet. Zum Schluss habe ich den Einer wieder abgezogen."

„Hm, ich verstehe. Unterschiedliche Lösungswege können also zum gleichen Ergebnis führen. Mein Opa würde jetzt bestimmt wieder sagen:

Alle Wege führen nach Rom."

Tipp: Neugierig? Recherchiere im Internet, was diese Redewendung bedeutet.

Was Rami von Neo gelernt hat:
Ein Lösungsweg zeigt, wie du auf ein bestimmtes Ergebnis kommst.
Jetzt bist du an der Reihe!

1. Schreibe in die oberen freien Felder in der Tabelle, ob es sich in den Feldern darunter um die *Aufgabenstellung* oder den *Lösungsweg* der Matheaufgabe handelt.

______________________	______________________
Timo und Tamara sammeln im Garten Äpfel. Timo hat 5 Äpfel gesammelt und Tamara 9. Wie viele Äpfel haben Timo und Tamara insgesamt gesammelt?	5 + 5 = 10 10 + 4 = 14

2. Wie würdest du deiner Lehrerin oder deinem Lehrer in eigenen Worten den Lösungsweg aus Aufgabe 1 erklären?

____

____

3. Anstelle von *Lösungsweg* kann man auch *Rechenweg* sagen. Hast du eine Idee, warum?

____

____

Name ______________________ Datum ______________________

WIR SPRECHEN ÜBER MATHEMATIK

Begründen

Auf den nächsten beiden Seiten lernst du, was es heißt, Lösungen nicht nur zu benennen, sondern auch zu begründen.

Fiona ist heute mit ihrer Familie im *Freizeitpark Bunte Sause*. Sie und ihre kleinere Schwester möchten unbedingt die neue *Achterbahn Roter Blitz* ausprobieren. Beim Einlass gibt es jedoch ein Problem: Fionas Schwester ist zu klein und darf deshalb nicht mitfahren.

Fionas kleine Schwester fragt: „Wieso darf ich nicht mit? Was ist der Grund?“

Du bist leider noch zu klein für die Achterbahn. Man muss mindestens 1,20 m groß sein. Du bist aber erst 1,14 m groß.

Fiona hat ihrer Schwester begründet, weshalb sie nicht mit der Achterbahn fahren darf: Sie ist noch zu klein. Wenn man etwas begründet, dann gibt man den Grund für etwas an.

Alleine möchte Fiona nicht mit der Achterbahn fahren. Die beiden Mädchen gehen zum Mäusekarussell und haben viel Spaß.

Name ____________________ Datum ____________________

WIR SPRECHEN ÜBER MATHEMATIK

Begründen

INFO:
siehe auch Fachwortschatz Deutsch, S. 59 bis 65

Auch andere Kinder möchten an diesem Tag mit der *Achterbahn Roter Blitz* fahren. Zwei Kinder unterhalten sich vor dem Eingang:

1. Male die Sprechblase mit der Begründung gelb aus. Unterstreiche den Teil des Satzes blau, der einen Grund für etwas angibt.

2. Dürftest du mit dem *Roten Blitz* fahren? Begründe deine Antwort.

____

____

____

____

3. *Etwas begründen* bedeutet:

____

____

____

____

Name ______________________ Datum ______________________

WIR SPRECHEN ÜBER MATHEMATIK

Verallgemeinern

Wenn in der Mathematik Dinge, zum Beispiel Körper, Figuren oder auch Muster, immer gleich sind, dann kannst du sie verallgemeinern.
Wie das geht, siehst du auf den folgenden Seiten.

Ramis Eltern sind heute zusammen ins Kino gegangen. Rami passt auf seine kleine Schwester Malika auf. Sie wollen mit den Bauklötzen einen hohen Turm bauen. Zuerst ordnen sie alle Bauklötze nach ihrer Form. Rami zeigt, wie es geht.

Malika macht es Rami nach und nimmt drei Würfel.
Dann nimmt sie noch zwei Bauklötze,
die so ähnlich wie Würfel aussehen,
und fragt ihren Bruder:
„Sind das auch Würfel?“

Rami erklärt:
Ein Würfel hat **immer**
sechs gleich große Flächen.

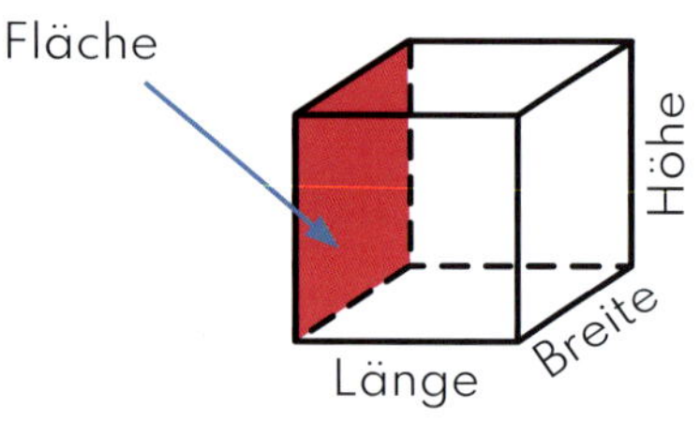

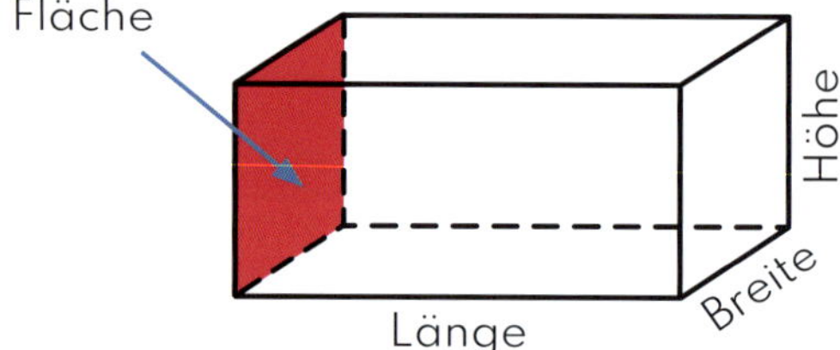

Ein Quader hat **immer** zwei unterschiedliche Flächen.
Beim Quader sind die gegenüberliegenden Flächen immer gleich groß.

Du kannst dir merken:
Wenn etwas immer zutrifft, dann ist es allgemeingültig.
Zum Beispiel: Ein Würfel hat immer sechs gleich große Flächen.
Du kannst dann etwas verallgemeinern, wenn es immer so ist.

Name ______________________ Datum ______________________

WIR SPRECHEN ÜBER MATHEMATIK

Verallgemeinern

1. Malika hat den Unterschied zwischen einem Würfel und einem Quader verstanden. Aber in ihrer Sammlung mit Bauklötzen gibt es auch noch andere Körper. Kannst du ihr helfen, die Körper allgemeingültig zu beschreiben?

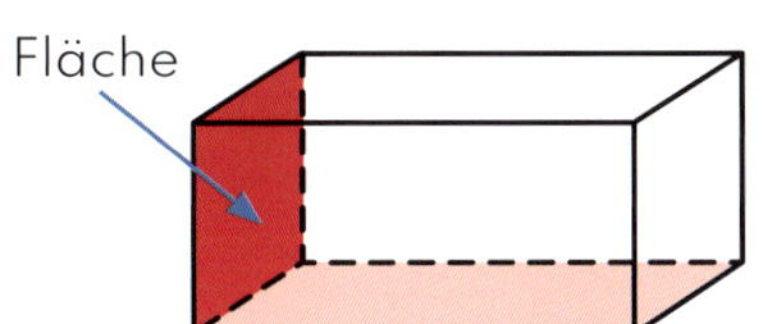

Ein **Quader** hat immer zwei unterschiedliche Flächen.
Die gegenüberliegenden Flächen sind immer gleich.

Geometrische Körper

Ein geometrischer Körper ist immer dreidimensional. Er geht also immer in drei Richtungen (Länge, Breite, Höhe).

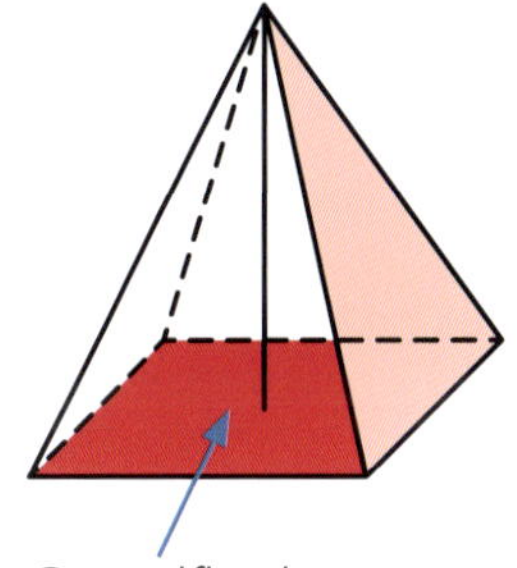

Eine **Pyramide** hat immer eine Grundfläche und

____

____.

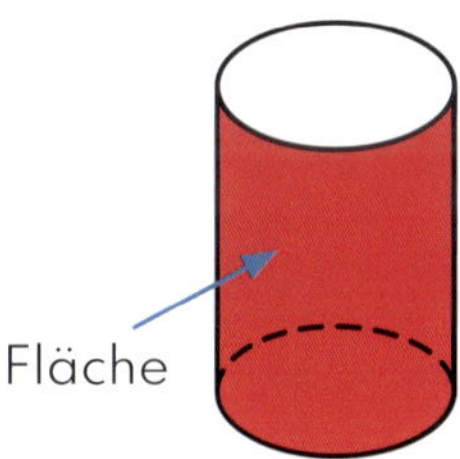

Ein **Zylinder** hat immer ______________________

____

____.

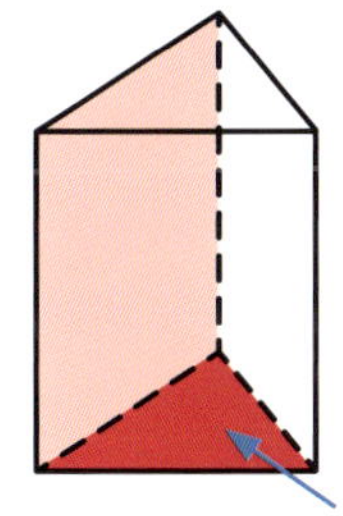

Ein **Prisma** hat ______________________________

____

____.

Im Alltag verallgemeinere ich auch: Zum Beispiel fährt mein Schulbus morgens **immer** um 7.00 Uhr.

Stimmt. Und ich gehe **immer** um 8.00 Uhr in den Kindergarten.

Name ____________________ Datum ____________________

WIR SPRECHEN ÜBER MATHEMATIK

Das habe ich gelernt

Du hast geübt, wie du in der Mathematik etwas benennen, beschreiben, erklären, begründen und verallgemeinern kannst.
Hier kannst du selbst überprüfen, was du gelernt hast.

Schätze ein und kreuze an: 

Wie gut hast du verstanden, wie du in Mathematik etwas *benennen* kannst?

gar nicht

noch nicht so gut

es geht so

gut

sehr gut

Wie gut hast du verstanden, wie du in Mathematik etwas *beschreiben* kannst?

gar nicht

noch nicht so gut

es geht so

gut

sehr gut

Ich benenne etwas kurz und knapp.

Ich beschreibe etwas ausführlich und genau.

Wie gut hast du verstanden, wie du in Mathematik etwas *erklären* kannst?

gar nicht

noch nicht so gut

es geht so

gut

sehr gut

Name ______________________ Datum ______________________

WIR SPRECHEN ÜBER MATHEMATIK

Das habe ich gelernt

Schätze ein und kreuze an: 

Wie gut hast du verstanden, wie du in Mathematik etwas *begründen* kannst?

		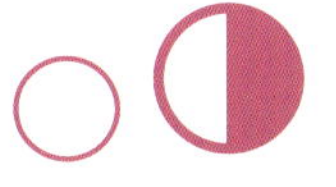		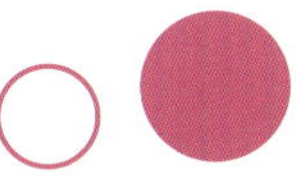
gar nicht	noch nicht so gut	es geht so	gut	sehr gut

Wie gut hast du verstanden, wie du in Mathematik etwas *verallgemeinern* kannst?

		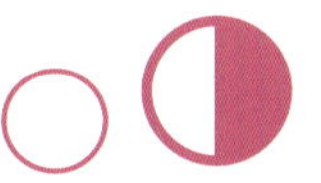	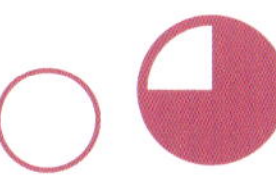	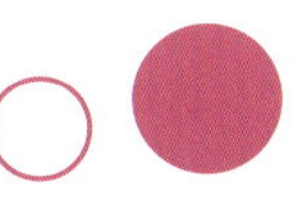
gar nicht	noch nicht so gut	es geht so	gut	sehr gut

Wenn ich etwas begründe, gebe ich einen Grund an.

Ich verallgemeinere etwas, das immer zutrifft.

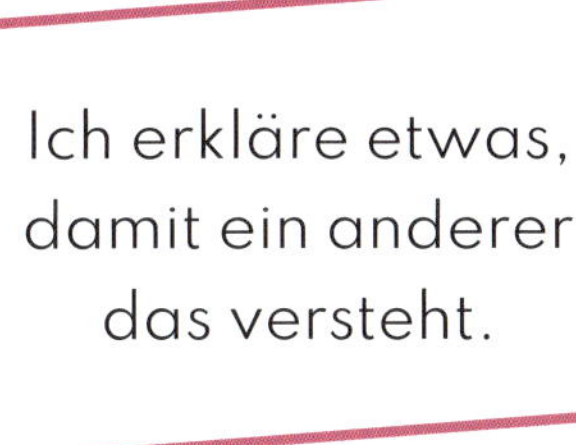

Ich erkläre etwas, damit ein anderer das versteht.

Name ______________________ Datum ______________________

ZAHLEN UND INFORMATIONEN

Gerade und ungerade Zahlen

Auf den nächsten Seiten lernst du den Unterschied zwischen *geraden Zahlen* und *ungeraden Zahlen* kennen.

In der Pause treffen sich Rami, Fiona und Neo unter der großen Eiche.
Rami erzählt Neo und Fiona von seiner Mathestunde.
Er hat heute gelernt, was **gerade Zahlen** und was **ungerade Zahlen** sind.

Ich habe gehört, dass die Zahl 4 eine **gerade Zahl** ist. Aber wieso, das weiß ich nicht.

Hm. Ich habe noch nie davon gehört. Rami, kannst du uns den Unterschied erklären?

Rami sammelt unter der großen Eiche 4 Eicheln auf.

4 Eicheln kann ich in zwei Reihen legen. In beiden Reihen liegen gleich viele Eicheln, nämlich 2.

→ Erste Reihe

→ Zweite Reihe

Jetzt lege ich noch eine Eichel dazu.

Jetzt hat die eine Reihe mehr Eicheln als die andere!

Genau! Man kann die 5 Eicheln nicht gleich auf zwei Reihen aufteilen. Eine Eichel bleibt übrig.

Name ____________________ Datum ____________________

ZAHLEN UND INFORMATIONEN

Gerade und ungerade Zahlen

Rami zeigt Neo und Fiona den Merksatz aus der heutigen Stunde.

Merksatz

0, 2, 4, 6 und 8 sind **gerade** Zahlen.
Wenn du eine gerade Zahl durch 2 teilst, dann bleibt *kein Rest.*
zum Beispiel: *4 : 2 = 2*

1, 3, 5, 7 und 9 sind ungerade Zahlen.
Wenn du eine **ungerade** Zahl durch 2 teilst, dann bleibt *ein Rest.*
zum Beispiel: *5 : 2 = 2* **Rest: 1**

Neo zeigt auf die Eicheln, die eine **gerade Zahl** ergeben.

1. Auf welche *geraden Zahlen* zeigt Neo?
Neo zeigt auf die *geraden* Zahlen ☐ ☐ ☐ ☐

2. Erkläre *gerade Zahlen* in deinen Worten.

____

____

____

____

3. Kreise die Eicheln ein, die eine *ungerade Zahl* ergeben.

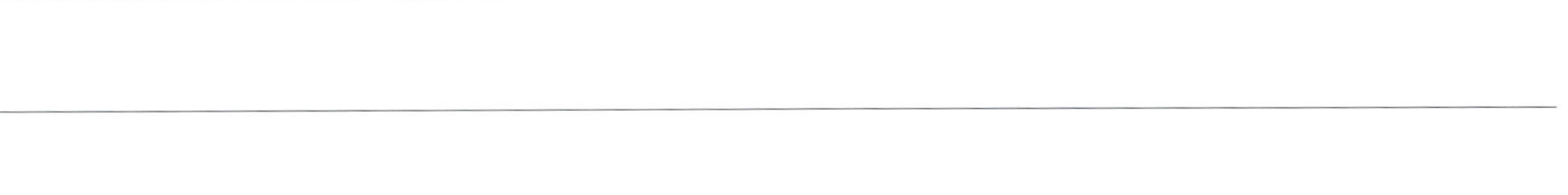

4. Welche ungeraden Zahlen hast du eingekreist?

Ich habe die ungeraden Zahlen ☐ ☐ ☐ ☐ ☐ **eingekreist.**

Name ______________________ Datum ______________________

ZAHLEN UND INFORMATIONEN

Gerade und ungerade Zahlen

Neo und Fiona haben heute Matheunterricht. Dank Rami sind sie schon gut vorbereitet auf die Aufgaben, die sie im Unterricht lösen müssen. Denke mit!

5. Kreise im Zahlenstrahl die geraden Zahlen blau ein.

1 2 3 4 5 6 7 8 9 10

6. Kreise im Zahlenstrahl die ungeraden Zahlen rot ein.

1 2 3 4 5 6 7 8 9 10

7. Umkreise die geraden Zahlen in der Hundertertafel blau und die ungeraden Zahlen rot.

Hundertertafel

1	2	3	4	5	6	7	8	9	10
11	12	13	14	15	16	17	18	19	20
21	22	23	24	25	26	27	28	29	30
31	32	33	34	35	36	37	38	39	40
41	42	43	44	45	46	47	48	49	50
51	52	53	54	55	56	57	58	59	60
61	62	63	64	65	66	67	68	69	70
71	72	73	74	75	76	77	78	79	80
81	82	83	84	85	86	87	88	89	90
91	92	93	94	95	96	97	98	99	100

Name ______________________ Datum ______________________

ZAHLEN UND INFORMATIONEN

Gerade und ungerade Zahlen

Im Sachunterricht füllt Rami mit seiner Klasse einen Fragebogen zum Thema „Der Kalender“ aus. Er merkt, dass ihm sein Wissen über **gerade** und **ungerade Zahlen** in der Stunde hilft.

Januar

		1	2	3	4	5
6	7	8	9	10	11	12
13	14	15	16	17	18	19
20	21	22	23	24	25	26
27	28	29	30	31		

September

		1	2	3	4	5
6	7	8	9	10	11	12
13	14	15	16	17	18	19
20	21	22	23	24	25	26
27	28	29	30			

8. Bearbeite den Fragebogen.

Fragebogen

1. Welcher der beiden folgenden Monate hat eine ungerade Anzahl an Tagen? Kreuze an.

◯ Januar ◯ September

2. Wie viele Monate hat ein Jahr?

Das Jahr hat __________ Monate.

3. Ist das eine gerade oder ungerade Anzahl an Monaten? Kreuze an.

◯ **Ungerade** Anzahl ◯ **Gerade** Anzahl

4. Wann hast du Geburtstag?

Ich habe am __________ Geburtstag.

5. Welche Zahlen in deinem Geburtsdatum sind gerade? Welche sind ungerade?

Gerade Zahlen: __________ **Ungerade** Zahlen: __________

Name ______________________ Datum ______________________

ZAHLEN UND INFORMATIONEN

Vorgänger und Nachfolger

Auf den folgenden Seiten lernst du die Nachbarn einer Zahl kennen. Man nennt sie auch *Vorgänger* und *Nachfolger*.

Neo hat im Mathematikunterricht von Vorgängern und Nachfolgern gehört. Er weiß, dass Kaiser und Könige Vorgänger und Nachfolger haben. Zum Beispiel folgte auf Kaiser Otto sein Sohn Kaiser Otto II. Natürlich muss der Nachfolger eines Königs oder Kaisers nicht immer den gleichen Namen tragen.

Kaiser Otto II.
(Er lebte von 955–983 n. Chr.)

Fiona kennt einen Merksatz, mit dem sie sich leicht merken kann, was Vorgänger und Nachfolger in Mathematik bedeuten.

Vorgänger und **Nachfolger**:

Der **Vorgänger** geht der Zahl voraus (vor + gehen).
Der **Nachfolger** folgt direkt darauf (nach + folgen).
Schau es dir am **Zahlenstrahl** an.

Fiona: „Neo, findest du den Vorgänger und den Nachfolger der Zahl 8?"

Zahlenstrahl

1 2 3 4 5 6 7 8 9 10

7 ist also der **Vorgänger** von 8, weil die 7 **vor** der 8 kommt.

1, 2, 3, 4, 5, 6, **7**, **8**, 9, 10

9 ist also der **Nachfolger** von 8, weil die 9 **nach** der 8 kommt.

1, 2, 3, 4, 5, 6, 7, **8**, **9**, 10

Die **Nachbarzahlen** der 8 sind **7** und **9**.

Name ______________________ Datum ______________________

ZAHLEN UND INFORMATIONEN

Vorgänger und Nachfolger

1. Findest du den Vorgänger der Zahl 15?
Kreise ihn blau ein.

1, 2, 3, 4, 5, 6, 7, 8, 9, 10, 11, 12, 13, 14, 15, 16, 17, 18, 19, 20

2. Findest du den Nachfolger der Zahl 15?
Kreise ihn rot ein.

1, 2, 3, 4, 5, 6, 7, 8, 9, 10, 11, 12, 13, 14, 15, 16, 17, 18, 19, 20

3. Fülle die Lücken.
Die Nachbarzahlen von 15 sind also: ________ und ________ .

Fiona hat am Zahlenstrahl schon den Vorgänger und den Nachfolger ihrer Glückszahl eingekreist.

Zahlenstrahl

1 2 3 4 5 6 7 8 9

4. Kannst du aufschreiben, wie Fionas Glückszahl heißt?

Fionas Glückszahl ist die Zahl ________ .

Der **Vorgänger** von Fionas Glückzahl ist die Zahl ________ .

Der **Nachfolger** von Fionas Glückszahl ist die Zahl ________ .

Zahlen bis **zwölf** schreibt man in Texten oft als Wort (sieben) und nicht als Ziffer (7).

Name ____________________ Datum ____________________

ZAHLEN UND INFORMATIONEN

Vorgänger und Nachfolger

5. Welche Zahl ist deine Glückszahl?

Meine Glückszahl ist die Zahl ________ .

Der **Vorgänger** meiner Glückzahl ist die Zahl ________ .

Der **Nachfolger** meiner Glückszahl ist die Zahl ________ .

Umkreise den **Vorgänger** und den **Nachfolger** deiner Glückszahl am Zahlenstrahl.

Zahlenstrahl

1 2 3 4 5 6 7 8 9

Kannst du den Vorgänger und den Nachfolger deiner Glückzahl auch auf der Hundertertafel finden?

6. Umkreise zuerst deine Glückzahl und dann den Vorgänger blau und den Nachfolger rot.

Hundertertafel

1	2	3	4	5	6	7	8	9	10
11	12	13	14	15	16	17	18	19	20
21	22	23	24	25	26	27	28	29	30
31	32	33	34	35	36	37	38	39	40
41	42	43	44	45	46	47	48	49	50
51	52	53	54	55	56	57	58	59	60
61	62	63	64	65	66	67	68	69	70
71	72	73	74	75	76	77	78	79	80
81	82	83	84	85	86	87	88	89	90
91	92	93	94	95	96	97	98	99	100

Name ______________________ Datum ______________________

ZAHLEN UND INFORMATIONEN

Vorgänger und Nachfolger

Fiona hat eine Frage an Neo, der ein Experte für Geschichte ist.

Kaiser Otto II.
(Er lebte von 955–983 n. Chr.)

Ich habe im Internet nach den deutschen Königen und Kaisern gesucht.

Warum stehen hinter den Namen solche komischen Zeichen?

Zum Beispiel: Otto **II.**

Das sind römische Zahlen, Fiona.
Das Symbol **II.** steht für **2.** und ist eine **Ordnungszahl**.

Ordnungszahlen geben **die Position** innerhalb einer Reihenfolge an.

Gemeint ist also Otto der Zweite.
Otto II. war der zweite deutsche Kaiser mit dem Namen Otto.

Der Erste einer Reihe bekommt in Geschichtsbüchern oft keine Zahl.

Kaiser Otto
(Er lebte von 912–973 n. Chr.)

Kaiser Otto II.
(Er lebte von 955–983 n.Chr.)

Kaiser Otto III.
(Er lebte von 980–1002 n.Chr.)

7. Weißt du, welcher Kaiser auf Otto II. folgte? Schreibe es auf.

Auf Kaiser Otto II. folgte ______________________________________ .

Name ______________________ Datum ______________________

ZAHLEN UND INFORMATIONEN

Teil und Ganzes, Einfaches und Vielfaches

Im Alltag gibt es Dinge, die du in gleiche Teile zerlegen kannst. Umgekehrt kannst du Teile zusammensetzen. In der Mathematik ist es auch so. Wie das geht, lernst du hier.

Fiona, Neo und Rami gehen zusammen in die Stadt. Sie wollen sich bei Angelo eine Pizza teilen. Angelo bietet drei Pizzagrößen an: Die kleinste Pizza teilt Angelo immer in vier gleich große Stücke, die mittlere Pizza in acht gleich große Stücke und die größte Pizza in 12 gleich große Stücke.

Wenn wir die kleine Pizza nehmen, bekommt jeder von uns ein Stück. Ein Stück bleibt übrig.

Ein Stück Pizza ist mir zu wenig. Ich habe großen Hunger.

Ich möchte drei Stücke Pizza essen.

Ich habe nicht so großen Hunger. Mir reichen zwei Stücke Pizza.

Ich möchte auch drei Stücke Pizza essen. Dann nehmen wir die mittlere Pizza, sie lässt sich in acht Stücke teilen: zwei für Rami, drei für Fiona und drei für mich.

Name ______________________ Datum ______________________

ZAHLEN UND INFORMATIONEN

Teil und Ganzes, Einfaches und Vielfaches

Am Wochenende geht Fiona noch einmal mit ihren drei Freundinnen zu Angelo und bestellt die mittlere Pizza. Fiona verteilt die Stücke an ihre Freundinnen. Wie viele Stücke bekommt jedes Mädchen?

1. Schreibe die Anzahl in die Tabelle.

Fiona	Netti	Shakira	Luna

Nach einem Schulausflug möchte Fionas Klasse bei Angelo Pizza essen. An einem Tisch finden sechs Personen Platz. In Angelos Restaurant ist es immer voll, deshalb möchte Fiona Tische reservieren. In Ihrer Klasse sind 23 Kinder.

2. Wie viele Tische muss Fiona für ihre Klasse reservieren?
Finde heraus, auf wie viele Tische du die 23 Kinder aufteilen kannst.

Was wird gesucht?

Was ist gegeben?

Rechnung:

Antwort:

Eine Pizza kann in Stücke aufgeteilt werden.
Zahlen kannst du in ihre Teile zerlegen. Die Zahl 6 kannst du so zerlegen:

6 ●●●●●●			
●●●	3	●●●	3
●●	2	●●●●	4
●	1	●●●●●	5
●●●●●●	6		0
●●●●	4	●●	2
●●●●●	5	●	1
	0	●●●●●●	6

Name ______________________ Datum ______________________

ZAHLEN UND INFORMATIONEN

Teil und Ganzes, Einfaches und Vielfaches

**3. Jetzt probiere es selbst mit den Zahlen 8 und 12.
Zerlege die Zahlen 8 und 12.**

8 ●●●●●●●●		12 ●●●●●●●●●●●●	
●●●●● 5	●●● 3		

Umgekehrt kannst du Teile auch zusammenfügen.

**4. Füge die Teile so zusammen, dass immer die Zahl 5 entsteht.
Verbinde dafür blaue mit blauen und rote mit roten Punkten.**

Name ______________________ Datum ______________________

ZAHLEN UND INFORMATIONEN

Teil und Ganzes, Einfaches und Vielfaches

Für seine Geburtstagsfeier wünscht sich Neo eine Torte, bei der jedes Stück anders aussieht.

5. a) Wie viele Tortenstücke zählst du? Schreibe die Anzahl in den Kasten.

b) Auf welche Vorlage passen die Tortenstücke? Kreuze die passende Vorlage an.

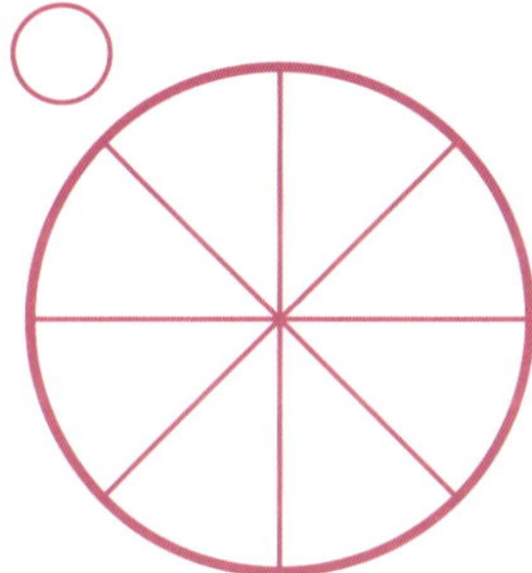

6. Was denkst du, kann man eine Tafel Schokolade teilen und wieder zusammensetzen? In wie viele Teile kannst du die Schokolade teilen?

1 Stück

Tipp: Zähle zuerst alle Stücke und notiere dir die Anzahl der Stücke.

Anzahl der Stücke: ☐

2 Kinder	Jedes Kind bekommt 14 Stücke.	14 + 14
4 Kinder	Jedes Kind bekommt ______ Stücke.	
7 Kinder	Jedes Kind bekommt ______.	
14 Kinder	Jedes Kind bekommt ______.	
1 Kind	Das Kind bekommt ______.	

Name ______________________ Datum ______________________

ZAHLEN UND INFORMATIONEN

Addition und Subtraktion

Bestimmte Mathewörter beschreiben das Plus-Rechnen und das Minus-Rechnen genauer. Welche Wörter das sind und was sie bedeuten, lernst du hier.

Neo sitzt an seinen Hausaufgaben. Heute hat er im Matheunterricht wichtige Wörter gelernt, die das Plus-Rechnen beschreiben. Er schaut sich das Merkkästchen im Matheheft an.

Plus-Rechnen nennt man auch **Addition**. Wenn man Zahlen zusammenrechnet, dann **addiert** man sie.

Laut dem Online-Wörterbuch stammen diese Mathewörter aus dem Lateinischen. Zum Beispiel bedeutet *addiere* so viel wie *hinzugeben*. Das macht Sinn! Man gibt ja beim Plus-Rechnen (Addieren) eine Zahl zur anderen dazu!

Weitere Mathewörter benennen jeden Teil einer Addition:

2	+	3	=	5
1. Summand	plus	**2. Summand**	gleich	**Summe**

1. Jetzt du! Ergänze die fehlenden Mathewörter in der Tabelle.

3	+	6	=	9
1. Summand				

2. Ergänze die Lücken.

Plus-Rechnen nennt man auch ______________________ .

Das Ergebnis einer Plusaufgabe heißt ______________________ .

Zahlen, die man miteinander addiert, nennt man ______________________ .

Mit den Wörtern *Addition*, *addieren*, *Summand* und *Summe* kann man das Plus-Rechnen genau beschreiben!

Name ______________________ Datum ______________________

ZAHLEN UND INFORMATIONEN

Addition und Subtraktion

3. Schreibe eine eigene Plus-Aufgabe und die passenden Mathewörter in die Tabelle.

	+		=	

Rami hat in dieser Woche das Mathe-Wort **Quersumme** gelernt.

Er erinnert sich:

Wenn man die Ziffern einer Zahl addiert, dann erhält man die **Quersumme**.

Die Quersumme der Zahl 123 ist 6, weil 1 + 2 + 3 = 6 ist.

4. Welche Sätze stimmen? Kreuze an. X

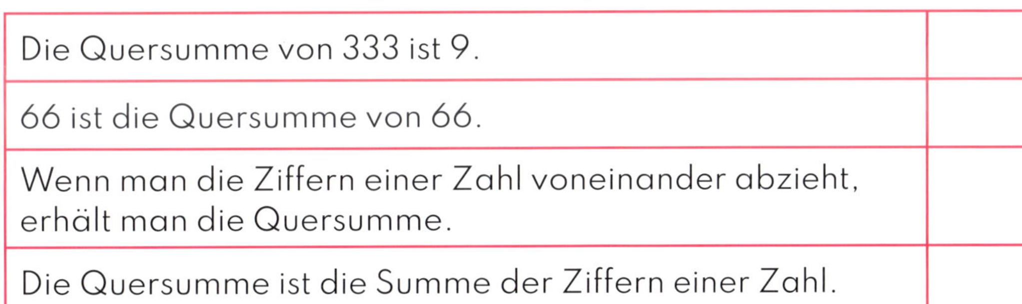

Die Quersumme von 333 ist 9.	
66 ist die Quersumme von 66.	
Wenn man die Ziffern einer Zahl voneinander abzieht, erhält man die Quersumme.	
Die Quersumme ist die Summe der Ziffern einer Zahl.	

5. Hast du eine Idee, wofür der Wortteil *-summe* im Mathewort *Quersumme* steht? Schreibe auf.

Tipp: Schaue auf der vorherigen Seite nach.

____

6. Hast du eine Idee, was der Wortteil *Quer-* im Mathewort *Quersumme* bedeutet? Schreibe auf.

Tipp: *quer* meint auch, *von einer Seite zur anderen Seite kommen.*

____

Name ______________________ Datum ______________________

ZAHLEN UND INFORMATIONEN

Addition und Subtraktion

Fiona hat diese Woche Mathewörter zum Minus-Rechnen gelernt.
Nachmittags schaut sie sich nochmals das Merkkästchen dazu an.

Minus-Rechnen nennt man auch **Subtraktion**. Wenn man eine Zahl von einer anderen abzieht, dann **subtrahiert** man sie.

Laut dem Online-Wörterbuch stammen die Mathewörter aus dem Lateinischen: *subtrahere* bedeutet *wegziehen*. Das macht Sinn! Man zieht ja bei Minus-Aufgaben eine Zahl von einer anderen ab.

Weitere Mathewörter benennen jeden Teil einer Subtraktion:

7	–	4	=	3
Minuend	minus	**Subtrahend**	gleich	**Differenz**

7. Du bist dran! Ergänze die fehlenden Wörter in der Tabelle.

9	–	3	=	6
Minuend				

8. Ergänze die Lücken.

Minus-Rechnen nennt man auch

______________________________ .

Das Ergebnis einer Minus-Aufgabe heißt

______________________________ .

Die Zahl, die subtrahiert wird, heißt ______________________________ .

Die Zahl, von der subtrahiert wird, nennt man ______________________________ .

Mit den Wörtern *Subtraktion, subtrahieren, Minuend* und *Subtrahend* kann man das Minus-Rechnen genau beschreiben!

9. Du bist dran! Ergänze die Tabelle.

	–		=	

Name ____________________ Datum ____________________

ZAHLEN UND INFORMATIONEN

Addition und Subtraktion

Fiona, Neo und Rami schreiben bald eine Klassenarbeit im Matheunterricht. Sie treffen sich am Wochenende, um die Mathewörter zu wiederholen. Sie lieben es, sich gemeinsam vorzubereiten. Denke mit!

10. Schreibe die Sätze als Matheaufgabe.

Zum Beispiel: *Subtrahiere 5 vom Minuend 7.* → **7 – 5 = 2**

Subtrahiere 6 vom Minuend 12.	12 – ___ = ___
Addiere 3 zum zweiten Summand 5.	___ + 5 = ___
Bilde die Summe aus 4 und 6.	____________
Die Differenz ist 10, der Subtrahend 15.	____________

11. Finde die 10 Mathewörter im Suchrätsel.

Umkreise sie.

S	U	B	T	R	A	H	E	N	D	K	N	Q	S
A	G	J	A	M	J	Z	E	S	V	U	M	A	U
F	J	G	R	S	R	B	N	I	S	J	I	G	B
H	A	D	D	I	T	I	O	N	W	G	N	H	T
F	D	I	K	R	A	U	I	A	G	S	U	Q	R
G	J	F	F	K	C	H	W	F	J	A	S	Z	A
K	H	F	K	A	V	J	T	Z	E	Ä	K	G	K
S	L	E	J	E	S	U	M	M	A	N	D	F	T
U	T	R	D	K	F	L	V	S	R	U	A	N	I
M	W	E	J	K	P	Ä	Ü	E	W	X	Y	V	O
M	S	N	B	J	R	W	G	F	P	N	H	G	N
E	V	Z	A	D	Z	L	Q	W	L	M	W	T	Ö
A	N	G	J	L	U	M	I	N	U	E	N	D	R
G	L	E	I	C	H	Ö	J	G	S	S	H	E	W

Name ______________________ Datum ______________________

ZAHLEN UND INFORMATIONEN

Multiplikation und Division

Im Matheunterricht gibt es besondere Mathewörter.
Einige dieser Wörter kennst du vielleicht schon.
Auf den folgenden Seiten geht es um die Mathewörter,
die du beim Mal-Rechnen und beim Geteilt-Rechnen brauchst.

Neo freut sich über sein Zeugnis!

In dieser Woche habe ich eine 2 in Mathe, eine 1 in Deutsch und noch eine 1 in Sport bekommen!

Schulnoten werden oft in Ziffern aufgeschrieben.

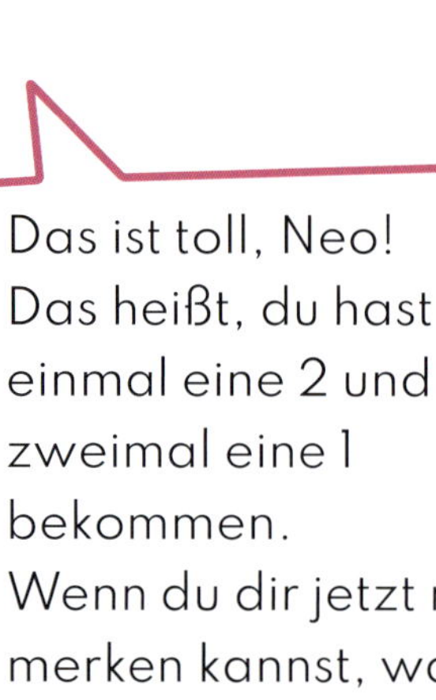

Das ist toll, Neo! Das heißt, du hast einmal eine 2 und zweimal eine 1 bekommen. Wenn du dir jetzt noch merken kannst, was eine **Multiplikation** oder eine **Summe** ist, wird es vielleicht beim nächsten Mal auch in Mathe eine 1.

Eine Multiplikation? Das hört sich ein bisschen nach **Multi-Vitaminsaft** an.

Das ist gar nicht so schwer wie es sich anhört. Wenn du etwas **multiplizierst** heißt das, etwas wird mehr. Du *vervielfältigst* eine Zahl. *Multi* kommt aus dem Lateinischen und bedeutet *viel*. Der Multivitaminsaft heißt so, weil er aus vielen Früchten hergestellt wird.

Name ______________________ Datum ______________________

ZAHLEN UND INFORMATIONEN

Multiplikation und Division

Die *Multiplikation* wird auch *Mal-Rechnen* genannt.

Langsam, Fiona!
Wir machen es so:
Ich schreibe dir eine Aufgabe auf, bei der es um das Mal-Rechnen geht, also um Multiplikation.
Du sagst mir dann, wo die Faktoren sind und wo das Produkt.

Multiplikation

$$2 \cdot 3 = 6$$

1. Faktor → 2; 2. Faktor → 3; Produkt → 6

Und jetzt du, Neo! Ich schreibe dir eine Mal-Aufgabe auf und du sagst mir, wo die **Faktoren** sind und wo das **Produkt**.

1. Hilf Neo und schreibe die richtigen Wörter in die leeren Kästchen.

Multiplikation

$$2 \cdot 2 = 4$$

Name ______________________ Datum ______________________

Multiplikation und Division

Auch bei Geteilt-Aufgaben gibt es besondere Wörter.

Das stimmt, Rami. Kannst du Neo und mir die Wörter für Geteilt-Aufgaben erklären?

Division

6 : 3 = 2

Dividend → 6, Divisor → 3, Quotient → 2

Geteilt-Rechnen nennt man *dividieren*. *Dividieren* kommt aus dem Lateinischen und bedeutet *zerlegen*. Die ganze Aufgabe heißt **Division**. Der **Dividend** ist die Zahl, die geteilt wird. Der Dividend steht vorne. Der **Divisor**, ist die Zahl, durch die geteilt wird. Der Divisor steht in der Mitte. Am Ende steht der **Quotient**. Der Quotient ist das Ergebnis einer Division.

Jetzt versuche ich es!

2. **Hilf Fiona und schreibe die richtigen Wörter in die leeren Kästchen.**

Division

6 : 3 = 2

______	______	______

Name ______________________ Datum ______________________

ZAHLEN UND INFORMATIONEN

Multiplikation und Division

Ist dir aufgefallen, Neo, dass man die Zahl 6 durch die Zahlen 1, 2, 3 und durch sich selbst teilen kann?

6 : 1 = 6
6 : 2 = 3
6 : 3 = 2
6 : 6 = 1

Die Zahl 6 ist durch die 1, 2, 3 und sich selbst teilbar.

Du hast Recht, Fiona, die Zahl 6 hat also vier **Teiler**.
Es gibt aber auch Zahlen, die nur durch die 1 und sich selbst teilbar sind, ohne dass ein Rest bleibt. Ein Beispiel ist die Zahl 3 (3 : 1 = 3, 3 : 3 = 1). Diese Zahlen nennt man **Primzahlen**.
Das Wort *Primzahl* kommt aus der lateinischen Sprache.
Latein ist die Sprache der Römer.

3. **Hilf Rami und male alle Figuren mit einer Primzahl gelb aus. Es sind 10.**

Primzahlen sind Zahlen, die nur *durch sich selbst und die 1* teilbar sind. Achtung! Die 1 gehört nicht zu den Primzahlen.

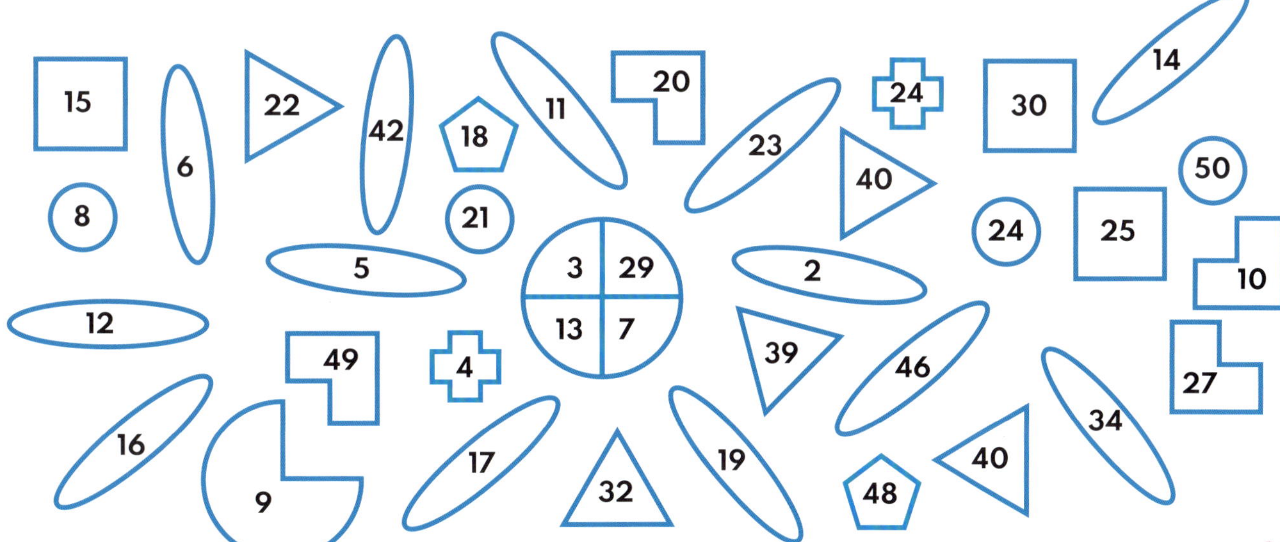

Name ______________________ Datum ______________________

ZAHLEN UND INFORMATIONEN

Das habe ich gelernt

Du hast gerade und ungerade Zahlen, Vorgänger und Nachfolger kennengelernt und das Zusammenlegen und Zerlegen von Zahlen gelernt. Wie gut schätzt du dein Wissen ein?
Überprüfe es selbst.

Tipp: Wenn du noch unsicher bist, dann sieh auf den Seiten 14 bis 33 noch einmal nach.

Schätze ein und kreuze an: 

Wie gut gelingt es dir, gerade und ungerade Zahlen zu benennen?

Wie gut hast du verstanden, was ein Vorgänger und was ein Nachfolger ist?

Wie gut hast du verstanden, dass man Zahlen zerlegen und zusammensetzen kann?

Name ____________________ Datum ____________________

ZAHLEN UND INFORMATIONEN

Das habe ich gelernt

Du hast viele Mathewörter kennengelernt.
Wie gut hast du die Mathewörter verstanden?

	gar nicht	noch nicht so gut	es geht so	gut	sehr gut
Addition, addieren					
Summand					
Summe					
Quersumme					
Subtraktion, subtrahieren					
Minuend					
Subtrahend					
Differenz					
Multiplikation, multiplizieren					
Division, dividieren					
Quotient					
Teiler					
Primzahl					

Wow!
Mathematik
hat ihre ganz
eigene Sprache.

Name ____________________ Datum ____________________

Lagebeziehungen

INFO:
siehe auch Basiswortschatz und Aufbauwortschatz, S. 74 bis 77

Aus deinem Alltag kennst du Wörter wie:
oben, unten, neben, rechts **und** ***links.***
Auch in der Mathematik helfen sie dir.
Du kannst damit beschreiben, wo sich etwas befindet (Lage) oder wie du zu einem Ziel kommst (Weg).

Ramis Kaninchen Tapsi ist wieder aus seinem Gehege verschwunden. Rami sucht Tapsi überall. Seine Schwester Malika hilft ihm bei der Suche. Erst sucht Rami im Garten, wo auch das Gehege steht.

Die Wörter **auf, neben, zwischen, unter, oben, hinter, vor, an, im, in** und **zwischen** sind Präpositionen.
Sie werden auch **Lagewörter** genannt. Sie sagen dir, **wo** etwas ist.
Die Wörter **rechts** und **links** sind Adverbien, genauer gesagt **Lokaladverbien**.
Sie sagen dir auch, **wo** etwas ist.

Kannst du Rami und Malika bei der Suche helfen?

1. **Malika ruft Rami zu, wo er suchen kann.**
Markiere die Orte mit einem Kreuz.
Beispiel: Suche links neben dem Gehege.

Suche **hinter** dem Busch.
Ist Tapsi **im** Eimer?

Du kannst **in** der Kiste nachsehen.
Vielleicht ist Tapsi **rechts vom** Gehege.

Suche Tapsi **zwischen** den Blumen.

Name ______________________ Datum ______________________

RAUM UND FORMEN

Lagebeziehungen

2. Wo könnte Tapsi sein? Was sagt Malika? Schreibe es auf.

hinter				
dem Busch				

Malika und Rami suchen überall im Garten, aber Tapsi ist nicht zu finden. Malika hat eine Idee: *„Ich glaube, Tapsi hat sich in deinem Zimmer versteckt. Lass uns dort suchen."*

3. Wo kann Rami sein Kaninchen Tapsi noch suchen?
Unterstreiche die Lagewörter und schreibe sie auf.

		Lagewort
1	Rami kann unter dem Bett suchen.	unter
2	Vielleicht ist Tapsi im Schrank.	
3	Tapsi kann auch auf dem Schrank sein.	
4	Ein lustiges Versteck für Tapsi ist in Ramis Schultasche.	
5	Rami kann hinter der Kiste mit den Spielsachen suchen.	
6	Tapsi hat sich schon einmal zwischen den Hosen im Schrank versteckt.	

Achtung: Ist dir bei Satz Nr. 6 etwas aufgefallen?
Endlich findet Rami sein geliebtes Kaninchen.
Tapsi hat unter seiner Bettdecke geschlafen.

Erinnerst du dich noch an die **Vorgänger** und **Nachfolger**? Du kannst auf Seite 18 nachsehen.

Die Lagewörter **vor** und **hinter** benötigst du auch, wenn du mit dem Zahlenstrahl arbeitest.

1 2 3 4 5 6 7 8

Die 6 ist **vor** der 7.
Die 10 kommt hinter der 9. Oder, du sagst: Die 10 kommt **nach** der 9.

Name ____________________ Datum ____________________

RAUM UND FORMEN

Lagebeziehungen

4. Ergänze die Lücken.
Trage die Lagewörter *nach* und *vor* passend ein.

Die 23 kommt ____________________ der 22.

Die 18 kommt ____________________ der 19.

Die 41 kommt ____________________ der 40.

Was kommt vor der 16? Die __________________ .

Was kommt nach der 55? Die __________________ .

In einer Woche bekommt die Klasse von Rami, Neo und Kabira Besuch.
Ihre Freundschaftsklasse aus Dänemark wird kommen.
Ihre Klassenlehrerin, Frau Adams, gibt den Freunden die Aufgabe, den Weg vom Bahnhof zur Schule zu erklären.
Sie zeichnen eine Karte und beschriften die wichtigsten Orte.

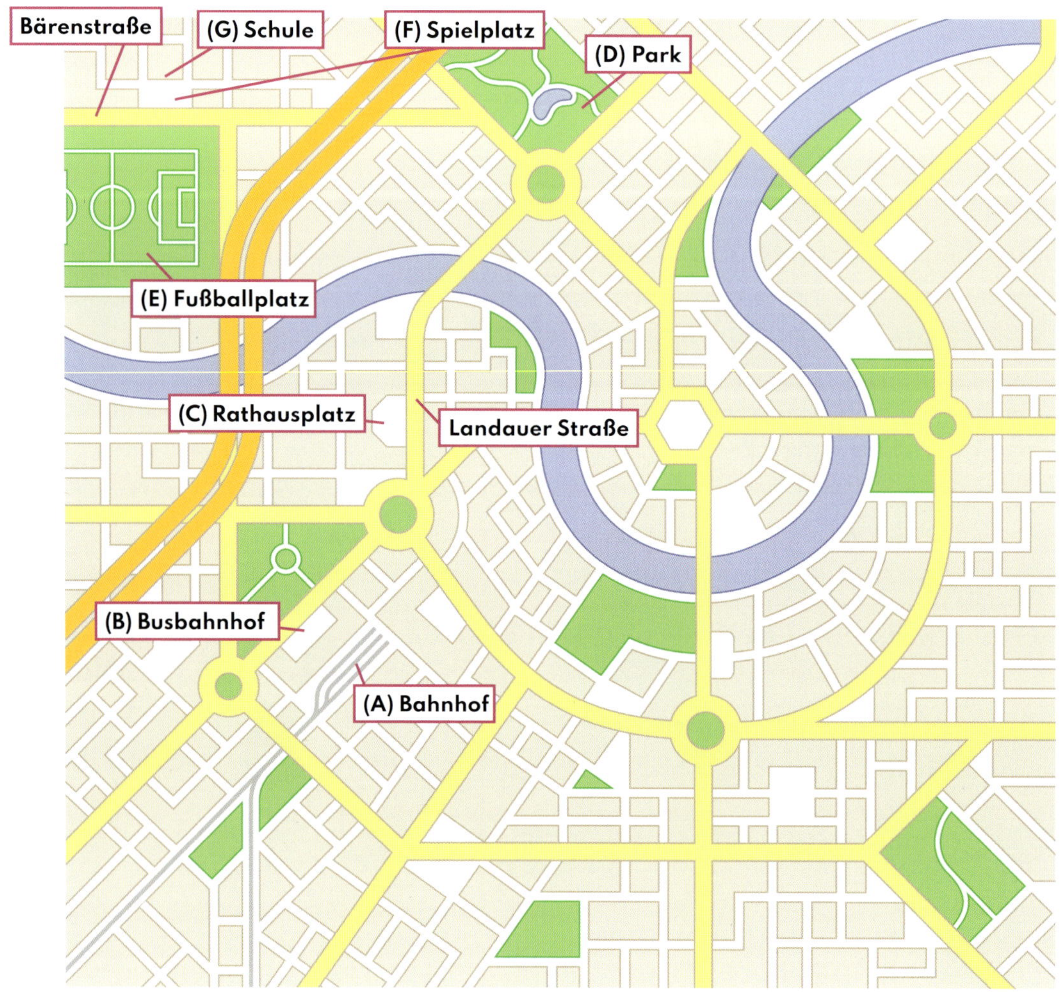

Name ______________________ Datum ______________________

RAUM UND FORMEN

Lagebeziehungen

Die drei Freunde überlegen, wie sie den Weg so erklären, dass die anderen ihn gut verstehen und den Weg zu ihrer Schule finden.

Am Bahnhof geht ihr über die Straße.
Nach dem Busbahnhof geht ihr bis zum Rathausplatz und danach am Park vorbei.
Dann seht ihr den Spielplatz und den Fußballplatz. Da ist auch schon unsere Schule.

Kabira schüttelt den Kopf.

Neo, so geht das nicht.
Du kennst den Weg, aber unsere Freundschaftsklasse aus Dänemark war noch nie bei uns.
Wir müssen den Weg genau beschreiben.

Rami stimmt Kabira zu.

Wir müssen auch sagen, ob sie zum Beispiel rechts oder links gehen sollen oder wo sie jetzt sind.

Name ________________ Datum ________________

Lagebeziehungen

5. Kannst du Neo, Rami und Kabira bei der Wegbeschreibung helfen?
Lies die Wegbeschreibung von Neo, Rami und Kabira.
Zeichne den Weg in die Karte ein.

Vom Bahnhof (A) geht ihr zum Busbahnhof (B).
Der Busbahnhof liegt gegenüber dem Bahnhof.
Am Busbahnhof lauft ihr rechts. Ihr kommt zu einem Kreisverkehr.
Hier biegt ihr links ab und geht in die Landauer Straße. Ihr lauft nun weiter geradeaus am Rathausplatz (C) vorbei.
Dann folgt ihr der Landauer Straße und geht über die Brücke, bis ihr den Kreisverkehr am Park (D) erreicht. Hier biegt ihr links ab und geht geradeaus.
Danach biegt ihr links in die Bärenstraße ein. Ihr folgt der Bärenstraße, bis ihr rechts den Spielplatz (F) seht.
Gegenüber vom Spielplatz ist ein Fußballplatz (E).
Hinter dem Spielplatz seht ihr unsere Schule, die Schule „Am Hasenbusch" (G).
Ihr könnt rechts oder links um den Spielplatz herumgehen. Dann steht ihr auf dem Schulhof vor der Schule.

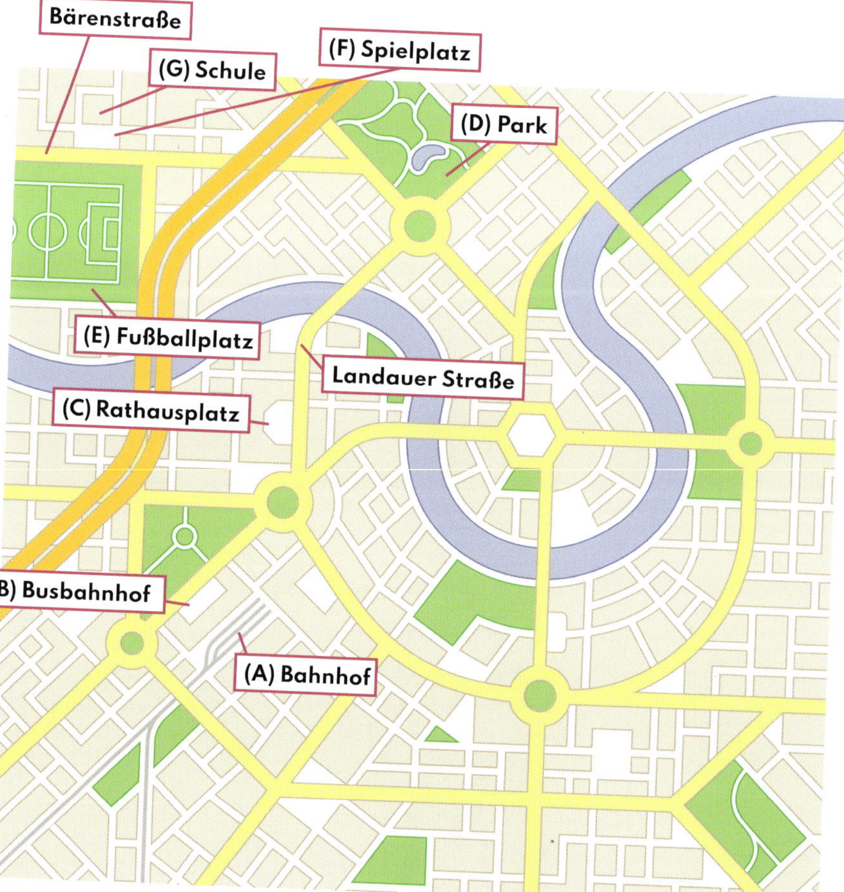

6. Finde alle Lagewörter und Lokaladverbiale und markiere sie gelb.
Die ersten drei Wörter, die die Lage von etwas ausdrücken, sind markiert. Es sind insgesamt 33.

Name ______________________ Datum ______________________

RAUM UND FORMEN

Strecke, Parallele und Gerade

Die Wörter *Strecke, Gerade* und *Parallele* hast du vielleicht schon einmal gehört. Auf den folgenden Seiten geht es darum, was die Begriffe in der Mathematik bedeuten.

Vom Bahnhof bis zur Schule ist es aber eine weite Strecke.

Strecke ist eigentlich nicht der richtige Begriff, Neo.
Eine **Strecke** ist immer **die kürzeste Verbindung zwischen zwei Punkten.**

Das schaffst du nur, wenn du zum Beispiel mit dem Flugzeug fliegst.

Der Flugweg heißt auch **Luftlinie**. Wie die Strecke ist die Luftlinie der kürzeste Weg zwischen zwei Punkten.
Das siehst du auch auf der Weltkarte.

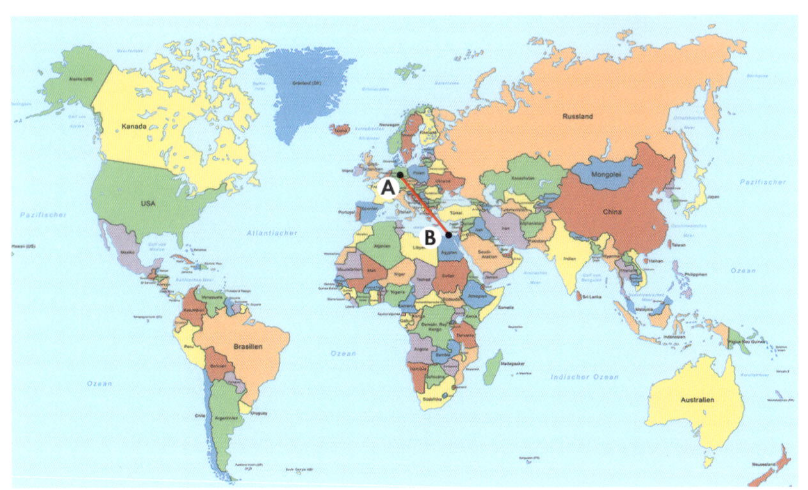

Deutschland ist Punkt **A** und Ägypten ist Punkt **B**. Der kürzeste Weg zwischen Punkt A und B ist die Strecke zwischen A und B. Diese Strecke nennen wir **a**.

Du schreibst:

Vergiss den Strich nicht!

$$a = \overline{AB}$$

Strecke — Punkte

Aufgepasst:
Strecken werden mit kleinen Buchstaben benannt, zum Beispiel: a oder b.

Name ______________________ Datum ______________________

RAUM UND FORMEN

 Strecke, Parallele und Gerade

Lass uns das mit der Strecke noch einmal üben, Fiona.

Alles klar, Neo, ich schreibe dir zwei Aufgaben auf.

1. Hilf Neo, die Strecke zwischen den Punkten zu zeichnen. Benutze dazu ein Lineal.

a) **Zeichne die Strecke $\overline{AB}$ (also den kürzesten Weg zwischen Punkt A und Punkt B).**

A B

b) **Zeichne die Strecke $\overline{AC}$ (also den kürzesten Weg zwischen Punkt A und Punkt C).**

A B C

Aufgepasst:
Geraden werden mit kleinen Buchstaben benannt, zum Beispiel:
g, h, a oder b.

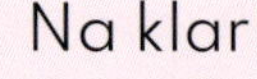

Weißt du denn auch, was eine Gerade ist, Fiona?

Na klar!
Eine **Gerade** hat **keinen Anfangspunkt** und **keinen Endpunkt**. Sie geht aber **durch zwei Punkte hindurch.**

Du schreibst:

a = AB

ohne Strich

Gerade

Punkte

Name ____________________ Datum ____________________

RAUM UND FORMEN

Strecke, Parallele und Gerade

Gut erklärt, Fiona!
Wenn eine Gerade keinen Anfangspunkt und keinen Endpunkt hat, dann ist sie unendlich lang. Sie hat also kein Ende. Mal sehen, ob du auch eine Gerade zeichnen kannst.

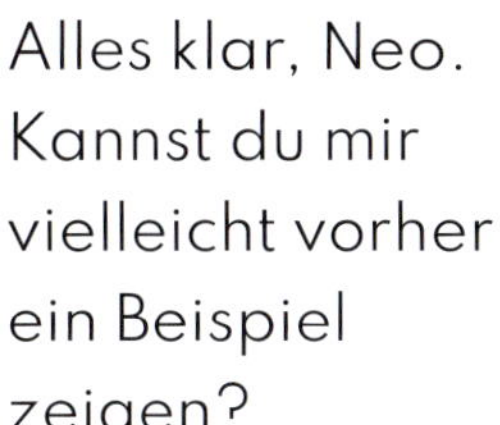

Alles klar, Neo. Kannst du mir vielleicht vorher ein Beispiel zeigen?

2. Hilf Fiona die Aufgaben zu lösen. Benutze wieder ein Lineal.

Beispiel für eine Gerade AB. Du musst über die Punkte hinaus zeichnen.

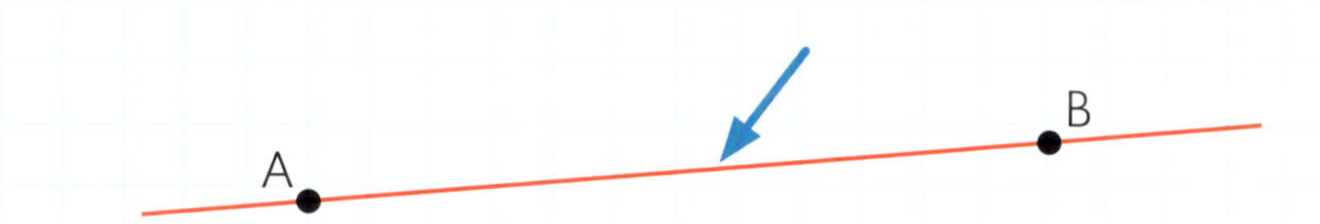

a) Zeichne die Gerade AB (zeichne <u>durch</u> die Punkte A und B).

b) Kreuze an, welche Gerade Neo gezeichnet hat. X

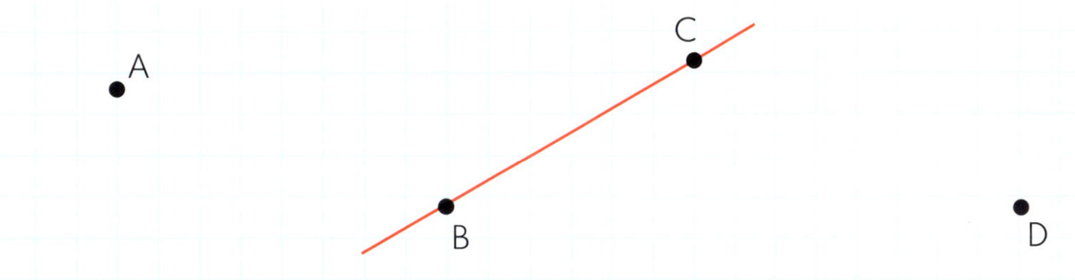

◯ Neo hat die Gerade **AB** gezeichnet.

◯ Neo hat die Gerade **CD** gezeichnet.

◯ Neo hat die Gerade **BC** gezeichnet.

Name ______________________ Datum ______________________

RAUM UND FORMEN

Strecke, Parallele und Gerade

Wenn zwei Geraden nebeneinander liegen, also überall den gleichen Abstand zueinander haben und sich *niemals* treffen, dann sind die Geraden **parallel zueinander**. Du nennst sie dann **Parallelen**.

g

h

Aufgepasst:
Weil Parallelen auch Geraden sind, werden sie mit kleinen Buchstaben benannt, zum Beispiel: g, h, a oder b.

Ich denke, ich habe den Unterschied zwischen **Parallelen** und zwei Geraden, die sich schneiden können, verstanden. Außerdem weiß ich jetzt, was eine **Strecke** ist.

3. Siehst du eine Strecke, eine Gerade oder Parallelen? Beschrifte die Bilder.

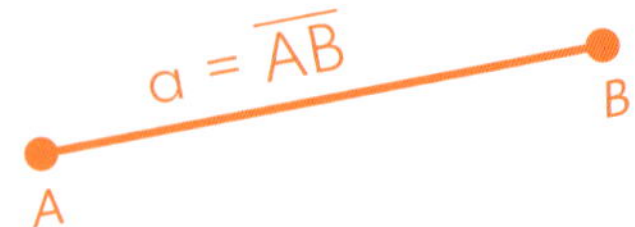

Das ist eine Strecke, weil es die kürzeste Verbindung zwischen Punkt A und Punkt B ist.

g

h

____

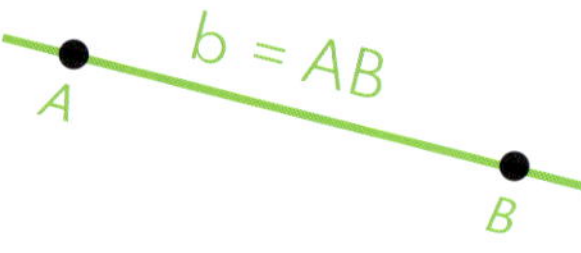

____

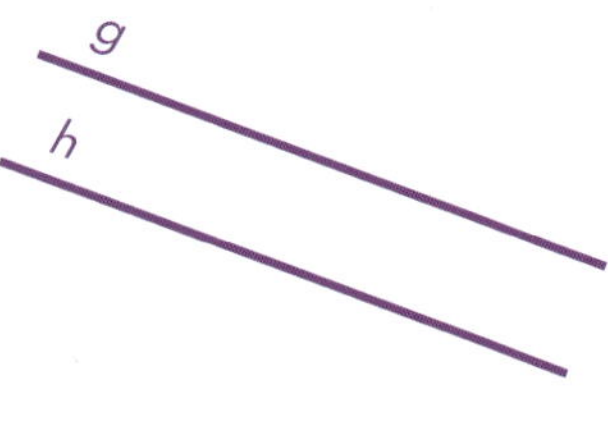

____

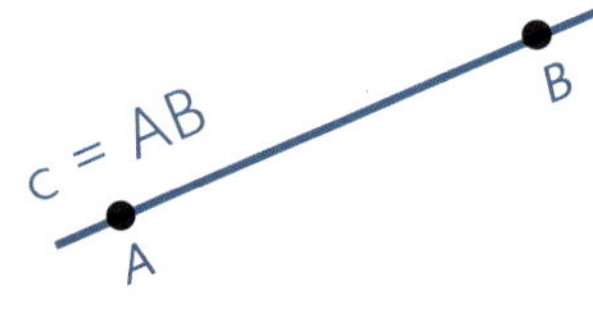

____

d = $\overline{AB}$

A

B

____

Name ______________________ Datum ______________________

RAUM UND FORMEN

Geometrische Figuren

Auf den folgenden Seiten beschäftigst du dich mit geometrischen Figuren. Du lernst, geometrische Figuren zu benennen und zu beschreiben.

Rami räumt mittags seinen Schreibtisch auf. Einige der Gegenstände erinnern ihn an geometrische Figuren aus der Mathematik.

1. Verbinde die Gegenstände auf dem Schreibtisch mit der passenden geometrischen Figur.

Geometrische Figuren:

Rechteck Dreieck Kreis

2. Umkreise bei den Gegenständen und geometrischen Figuren alle Ecken.

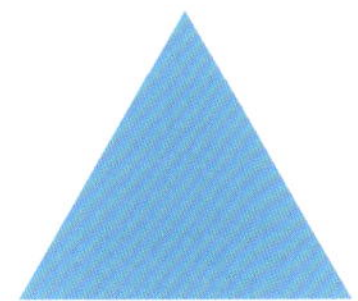

3. Zähle die Ecken der Figuren und ergänze die Lücken.

Das (Dreieck) Dreieck ______________ hat ______ Ecken.

Das (Rechteck) ______________ hat ______ Ecken.

Der (Kreis) ______________ hat ______ Ecken.

Name ______________________ Datum ______________________

RAUM UND FORMEN

Geometrische Figuren

Fiona besucht mit ihrer Klasse das Kunstmuseum. Die Gemälde im Museum sind besonders. Sie alle stellen geometrische Figuren dar.
Vor dem Museumsbesuch wiederholt Fiona, worin sich geometrische Figuren unterscheiden können. So kann sie die Kunstwerke besser beschreiben.

4. Ergänze die Lücken.

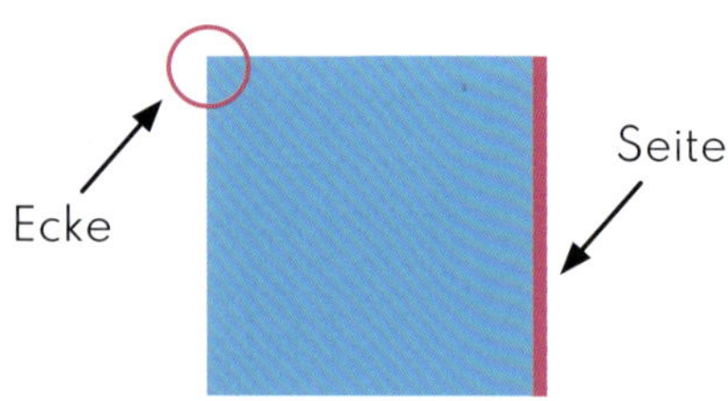

das Quadrat (Einzahl),
die Quadrate (Mehrzahl)

Das Quadrat hat ______ Ecken und ______ Seiten.
Die gegenüberliegenden Seiten sind **parallel** zueinander.
Alle Seiten sind **gleich** lang.

das Rechteck (Einzahl),
die Rechtecke (Mehrzahl)

Das Rechteck hat ______ Ecken und ______ Seiten.
Die Seiten sind ______________ zueinander.

das Dreieck (Einzahl),
die Dreiecke (Mehrzahl)

Das Dreieck hat ______ Ecken und ______ Seiten.

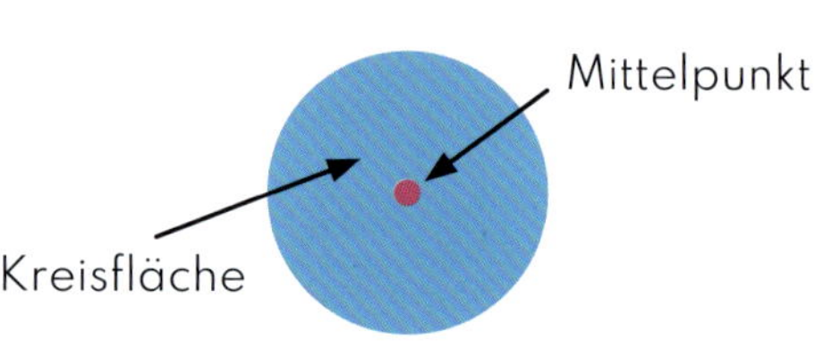

der Kreis (Einzahl),
die Kreise (Mehrzahl)

Der __________ hat ______ Ecken.
Er hat einen **Mittelpunkt** und eine **Kreisfläche**.

Name ______________________ Datum ______________________

Geometrische Figuren

das Parallelogramm (Einzahl),
die Parallellogramme
(Mehrzahl)

Das Parallelogramm hat
________ Ecken und
________ Seiten.
Die gegenüberliegenden Seiten
sind ____________________ zueinander.

das Trapez (Einzahl),
die Trapeze (Mehrzahl)

Das Trapez hat ________ Ecken
und ________ Seiten. Jeweils zwei
gegenüberliegende Seiten
sind ____________________ zueinander.

Fiona bleibt begeistert an einem der Gemälde stehen. Sie versucht, alle geometrischen Figuren im Gemälde zu entdecken.

Wassily Kandinsky
(1866–1944):
Komposition 8 (1923)

5. Welche geometrischen Figuren kannst du im Gemälde entdecken? Setze in der Tabelle ein Häkchen, wenn die geometrische Figur auf dem Bild zu sehen ist. ✓

Kreis	Parallelo-gramm	Trapez	Quadrat	Rechteck	Dreieck

Name ______________________ Datum ______________________

Geometrische Figuren

6. Zeichne dein eigenes buntes Gemälde mit geometrischen Figuren. Verwende dafür mindestens folgende geometrische Figuren:

- drei Dreiecke
- zwei Parallelogramme
- zwei Trapeze
- einen Kreis

Die Figuren dürfen sich auch überschneiden oder berühren.

7. Beschreibe eine der Figuren auf dem Bild genau.

Tipp: Diese Wörter helfen dir:
Ecke, Seite, Kreisfläche, Mittelpunkt, parallel, gegenüberliegend, spitz, gleich lang, rund, rechteckig, quadratisch, dreieckig

____

____

____

____

Name ______________________ Datum ______________________

RAUM UND FORMEN

Geometrische Körper

INFO:
siehe auch S. 4 und 5

Auf den folgenden Seiten wirst du mehr über geometrische Körper erfahren. Dazu hast du schon etwas auf den Seiten 10 und 11 gelernt. Jetzt geht es darum, wie du geometrische Körper benennen und beschreiben kannst.

Neo schläft am Wochenende bei Rami. Vorher gehen sie zusammen einkaufen. Sie kaufen für den Abend eine Dose Ravioli und Süßigkeiten ein. Für das Frühstück kaufen sie eine Packung Schokoringe und Milch.

Du kennst viele Körper aus deinem Alltag. Beispielsweise ist die Milchpackung ein Quader. Die Packung Schokoringe ist auch ein Quader.

Ein Quader sieht so aus:

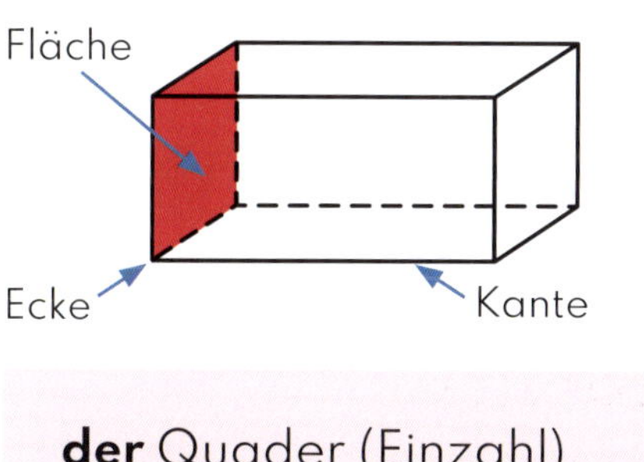

der Quader (Einzahl),
die Quader (Mehrzahl)

Der Quader hat sechs Flächen.
Die gegenüberliegenden Flächen sind immer gleich groß.
Ein Quader besteht aus zwei Quadraten und vier Rechtecken.
Er hat acht Ecken und zwölf Kanten.

Auch die Pakete, die der Postbote immer bringt, sind Quader.

Name ______________________ Datum ______________________

RAUM UND FORMEN

Geometrische Körper

1. **Kannst du diese geometrischen Körper beschreiben?**

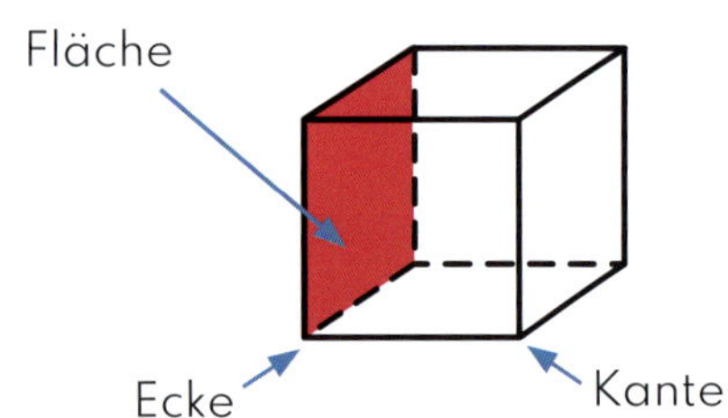

der Würfel (Einzahl),
die Würfel (Mehrzahl)

Der Würfel hat ______ Flächen.
Die gegenüberliegenden Flächen sind immer gleich groß.
Ein Würfel besteht aus sechs ____________________ .
Er hat ______ Ecken und ______ Kanten.

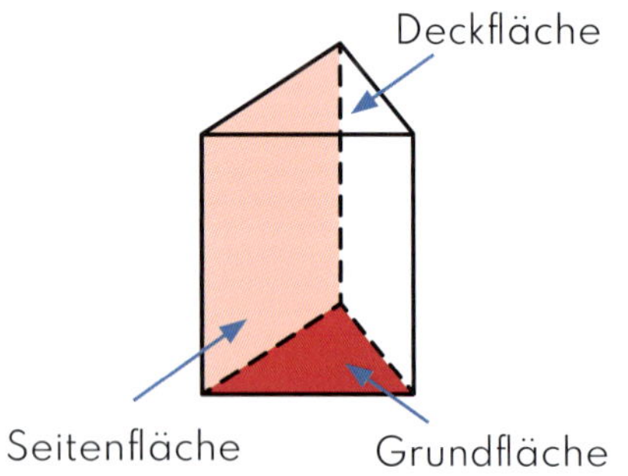

das Prisma (Einzahl),
die Prismen (Mehrzahl)

Das Prisma hat ______ Flächen.
Die gegenüberliegenden Flächen sind immer gleich groß.
Ein Prisma besteht aus zwei ____________________
und ______ Rechtecken.
Es hat ______ Ecken und ______ Kanten.
Es wird auch Dreiecksprisma genannt.

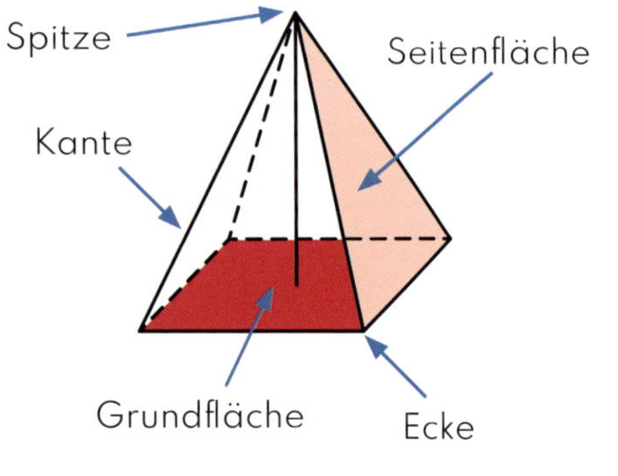

die Pyramide (Einzahl),
die Pyramiden (Mehrzahl)

Die Pyramide hat vier Seitenflächen und eine Grundfläche. Sie wird deshalb auch Viereckspyramide genannt.
Eine Pyramide hat ______ Ecken und ______ Kanten.
Sie hat immer eine Spitze.
Die Spitze ist immer gegenüber der Grundfläche.

Name ______________________ Datum ______________________

Geometrische Körper

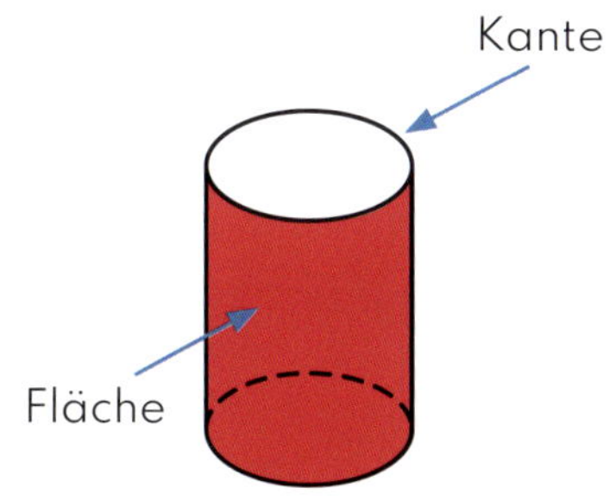

der Zylinder (Einzahl),
die Zylinder (Mehrzahl)

Der Zylinder hat drei Flächen.
Zwei Flächen sind ______________
und eine Fläche ist ein Rechteck.
Ein Zylinder hat zwei Kanten und
keine Ecken.

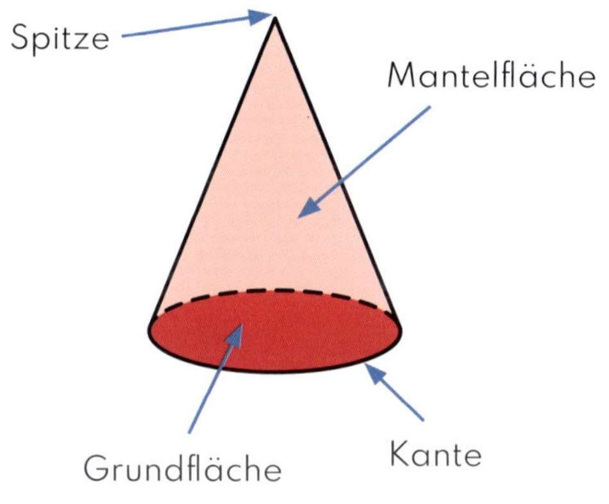

der Kegel (Einzahl),
die Kegel (Mehrzahl)

Der Kegel hat ______________ Flächen.
Eine Fläche heißt Grundfläche.
Die andere Fläche heißt Mantelfläche.
Die Grundfläche ist ein Kreis.
Ein Kegel hat ______________ Kante und
______________ Spitze.

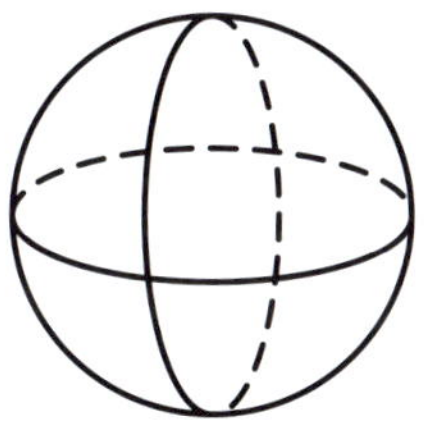

die Kugel (Einzahl),
die Kugeln (Mehrzahl)

Die Kugel hat nur ______________ Fläche.
Die Kugelfläche ist gewölbt.
Eine Kugel hat keine Ecken und
______________ Kanten.

Name ______________________ Datum ______________________

RAUM UND FORMEN

Geometrische Körper

2. Erkennst du die geometrischen Körper?
Schreibe die Nummern dazu:
1. der Quader, 2. die Kugel,
3. der Zylinder, 4. der Kegel,
5. der Würfel, 6. die Pyramide,
7. das Prisma

3. Beschrifte die beiden geometrischen Körper an den Pfeilen.
Wie heißen die geometrischen Körper?
Ergänze ihre Namen mit Artikel.

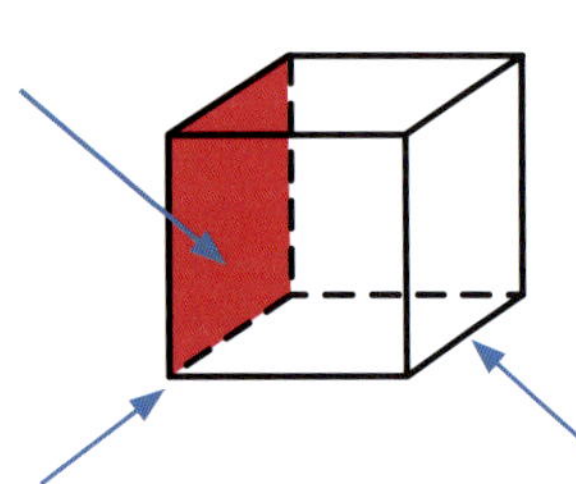

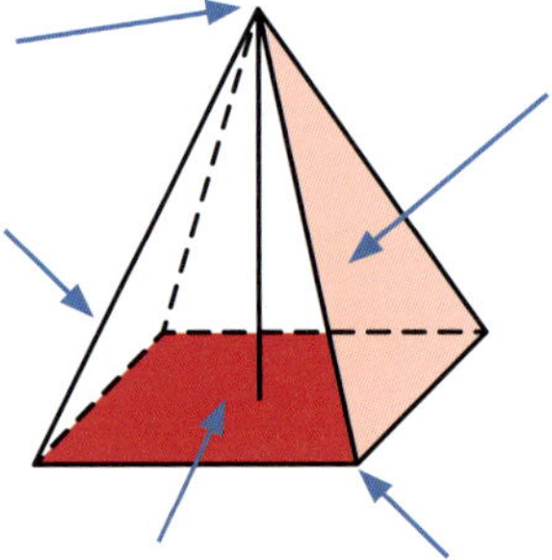

______________________ ______________________

Name ______________________ Datum ______________________

Geometrische Körper

4. Kannst du die Rätsel lösen? Schreibe deine Lösung dazu.

Tipp: Schaue dir die geometrischen Körper und ihre Beschreibungen auf den Seiten 50 und 51 an.

Dieser geometrische Körper hat drei Flächen.
Eine Fläche ist ein Rechteck und zwei Flächen sind Kreise.
Der Körper hat zwei Kanten und keine Ecken.

Es ist ______________________ .

Dieser geometrische Körper hat zwei Flächen. Eine Fläche ist die Grundfläche, die andere Fläche ist die Mantelfläche.
Die Grundfläche ist ein Kreis.
Gegenüber der Grundfläche ist eine Spitze.

Es ist ______________________ .

Dieser geometrische Körper hat nur eine Fläche. Er hat keine Ecken und Kanten und seine Fläche ist gewölbt.

Es ist ______________________ .

Dieser geometrische Körper hat fünf Flächen, sechs Ecken und neun Kanten.

Es ist ______________________ .

5. Suche dir einen geometrischen Körper aus. Denke dir ein eigenes Rätsel dazu aus.

____

____

____

____

____

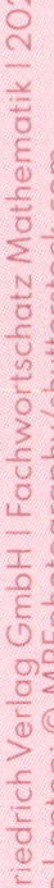

Name ____________________ Datum ____________________

RAUM UND FORMEN

Symmetrie und Spiegelachse

Einen Spiegel hast du sicher schon einmal gesehen.
Was eine *Spiegelachse* ist und was das Wort *Symmetrie* bedeutet, erfährst du auf den folgenden Seiten.

Fiona, Neo und Rami machen ihre Hausaufgaben.
Da macht Fiona eine Entdeckung.

Schau mal, Neo!
Wenn du den Buchstaben C schreibst und einen Spiegel davorstellst, sieht das C aus wie ein O.

Das liegt daran, dass der Buchstabe O wie ein Kreis aussieht und das C ein bisschen wie ein halber Kreis (Halbkreis). Ein Kreis ist nämlich eine **symmetrische Figur**. Wenn eine Figur aus zwei Teilen besteht, die genau gleich sind, dann ist diese Figur **symmetrisch**. Du kannst es mit einem Spiegel überprüfen.

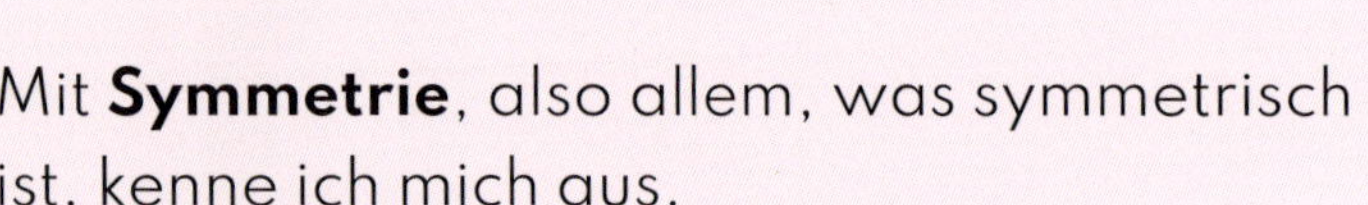

Mit **Symmetrie**, also allem, was symmetrisch ist, kenne ich mich aus.
Die Linie, die eine symmetrische Figur in zwei Hälften teilt, nennt man **Spiegelachse**.
An die Spiegelachse musst du den Spiegel halten, damit die halbe Figur wie eine ganze Figur aussieht.

Name ______________________ Datum ______________________

RAUM UND FORMEN

Symmetrie und Spiegelachse

Du kannst mir sicher sagen, welche Figuren noch symmetrisch sind, Rami.

1. Hilf Rami, alle Figuren zu markieren, die symmetrisch sind.

a) **Mache einen Haken ✓, wenn die Figur symmetrisch ist.**

Mache ein Kreuz X, wenn die Figur nicht symmetrisch ist.

○

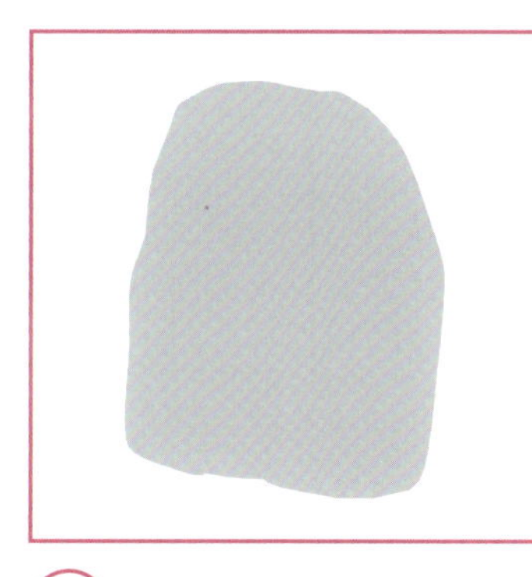
○

○

○

○

○

b) **Zeichne bei allen symmetrischen Figuren die Spiegelachse ein.**

Tipp: Manche Figuren haben mehrere Spiegelachsen.

Name ______________________ Datum ______________________

RAUM UND FORMEN

Symmetrie und Spiegelachse

Bei symmetrischen Figuren passen die Hälften der Figur genau aufeinander.
Du kannst auch sagen, dass sie **deckungsgleich** sind.

Meine Lehrerin sagt, zwei Figuren, die deckungsgleich sind, sind **kongruent**.

Kongruent ist der Fachbegriff für **deckungsgleich**.

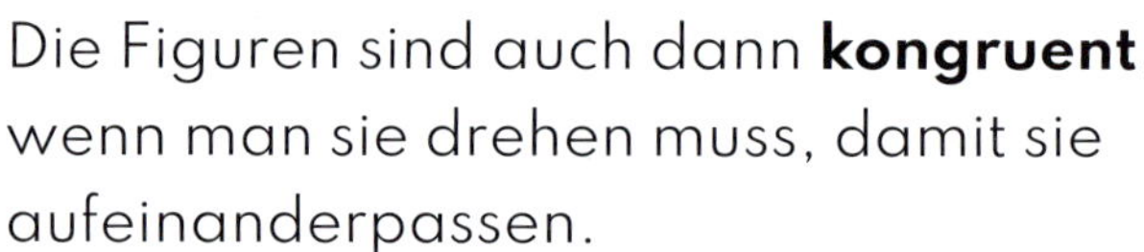

Die Figuren sind auch dann **kongruent**, wenn man sie drehen muss, damit sie aufeinanderpassen.

Ich zeige euch das mal!
Diese Dreiecke sind alle kongruent.

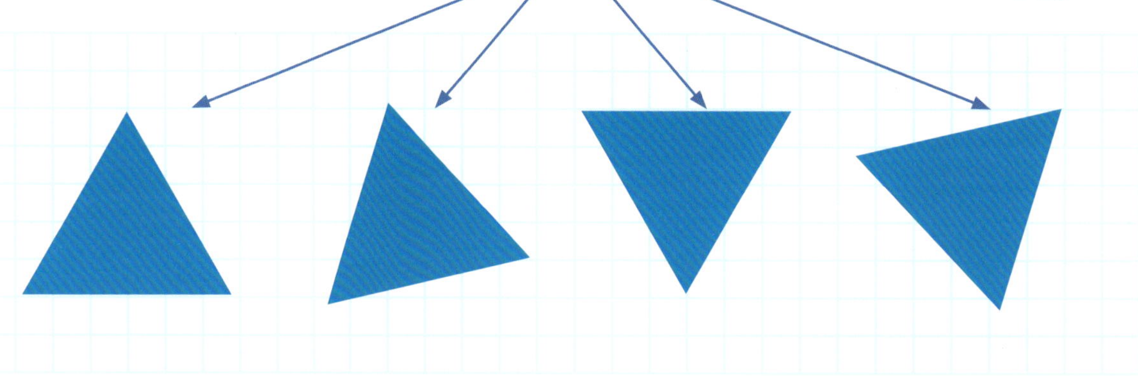

Ich verstehe!
Man muss die Dreiecke nur drehen, dann passen sie aufeinander.
Alle vier Dreiecke sind also **kongruent**.

Name ______________________ Datum ______________________

Symmetrie und Spiegelachse

Ganz genau, Fiona! Mal sehen, ob du auch andere **kongruente** Figuren erkennst.

2. Hilf Fiona alle Figuren zu finden, die kongruent sind.

a) **Verbinde alle Figuren, die kongruent sind.**

Tipp: Du weißt nicht mehr, wie die Figuren heißen? Dann schaue dir die geometrischen Figuren auf den Seiten 46 und 47 an.

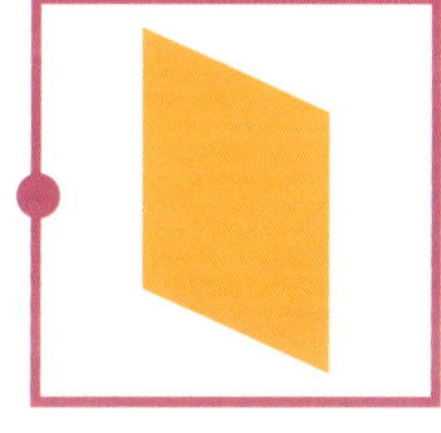

b) **Schreibe auf, welche Figuren kongruent sind.**

Die dunkelblauen Dreiecke sind kongruent.

____

____

____

Ist dir aufgefallen, dass alle Figuren dieser Aufgabe auch symmetrisch sind?

Name ______________________ Datum ______________________

Das habe ich gelernt

Du konntest viele Erfahrungen im Fach Mathematik sammeln. Überprüfe selbst, wie gut du es verstanden hast.

Tipp: Wenn du dir unsicher bist, dann schaue ruhig noch einmal auf den Seiten 36 bis 57 nach.

Schätze ein und kreuze an: 

Wie gut gelingt es dir, mit Lagewörtern (im, zwischen, vor …) und Lokaladverbien (rechts, links) zu beschreiben, wo etwas ist oder wie du zu einem Ziel kommst?

gar nicht

noch nicht so gut
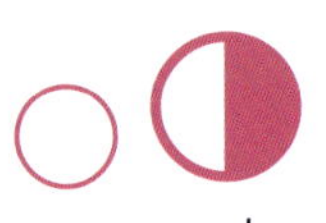

es geht so
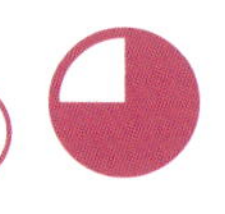
gut

sehr gut

Wie gut kannst du erklären, was eine Strecke, eine Gerade und eine Parallele ist?

gar nicht

noch nicht so gut

es geht so

gut

sehr gut

Wie gut hast du den Unterschied zwischen Parallelen und zwei Geraden, die sich schneiden können, verstanden?

gar nicht
noch nicht so gut

es geht so

gut

sehr gut

Wie gut kennst du die Unterschiede zwischen diesen geometrischen Figuren: Dreieck, Kreis, Quadrat, Rechteck, Parallelogramm, Trapez?

gar nicht

noch nicht so gut

es geht so
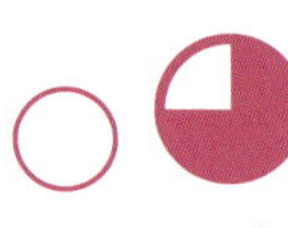
gut

sehr gut

Name ____________________ Datum ____________________

ZAHLEN UND INFORMATIONEN

Das habe ich gelernt

Schätze ein und kreuze an: 

Wie gut kennst du die Unterschiede zwischen diesen geometrischen Körpern: Quader, Würfel, Prisma, Pyramide, Zylinder, Kegel und Kugel?

 gar nicht

 noch nicht so gut

 es geht so

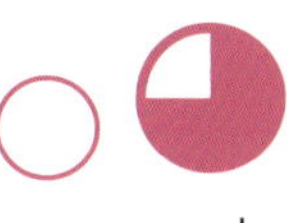 gut

 sehr gut

Wie gut kannst du erklären, was eine Spiegelachse ist und was das Wort *Symmetrie* bedeutet?

 gar nicht

 noch nicht so gut

 es geht so

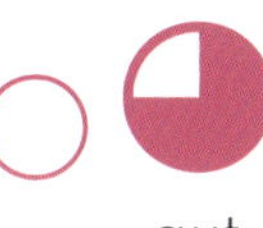 gut

 sehr gut

Wie gut kannst du symmetrische Figuren und kongruente Figuren erkennen?

  gar nicht

 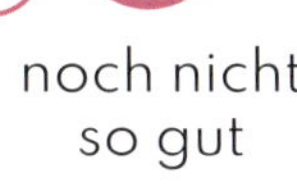 noch nicht so gut

  es geht so

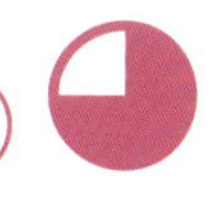  gut

 sehr gut

Name ______________________ Datum ______________________

GRÖSSEN UND MESSEN

Zeit

Sicher hast du zu Hause eine Uhr, auf der du die Zeit ablesen kannst. Mehr über das Thema Zeit, also auch Wochen, Tage, Stunden, Minuten und Sekunden erfährst du auf den nächsten Seiten.

Neo schaut auf seinen Stundenplan und zählt, wie viele Tage es noch bis zum Wochenende sind.

Eine Woche hat immer **sieben Tage.** Wie gut, dass wir von den sieben Tagen nur an fünf Tagen Schule haben.

Das ist wirklich ein Glück, Neo! So haben wir zwei Tage Wochenende. **Ein Tag** hat immer **24 Stunden**. Das heißt wir haben 48 Stunden lang Wochenende.

Was wird gesucht?
Die Anzahl der Stunden am Wochenende.

Was ist gegeben?
Wir haben zwei Tage Wochenende. Ein Tag hat immer 24 Stunden.

Rechnung:
2 (Tage) · 24 (Stunden) = 48 Stunden
2 · 24 = 48

Antwort: Wir haben 48 Stunden Wochenende.

Stunde	Montag	Dienstag	Mittwoch	Donnerstag	Freitag	Samstag	Sonntag
1.	Deutsch	Sport	Mathe	Mathe	Sachunterricht	keine Schule!	keine Schule!
2.	Deutsch	Sport	Deutsch	Musik	Mathe		
3.	Mathe	Deutsch	Sachunterricht	Deutsch	Ethik		
4.	Mathe	Mathe	Sachunterricht	Sport	Kunst		
5.	Englisch	Ethik	Musik	Schach-AG	Kunst		

fünf Tage Schule

zwei Tage Wochenende

Name ______________________ Datum ______________________

GRÖSSEN UND MESSEN

Zeit

Das bedeutet aber auch, dass wir 120 Stunden Schule in der Woche haben:
5 · 24 Stunden = 120 Stunden

Da hast du beim Umrechnen aber einen Fehler gemacht, Neo.
Schau noch einmal auf den Stundenplan.
Wir haben jeden Tag 5 Stunden Schule und nicht 24 Stunden.

Was bedeutet die Abkürzung h?

Die Abkürzung für Stunde ist **h**.
24 Stunden = 24 **h**
Auf Spanisch und Lateinisch heißt Stunde nämlich „**h**ora“ und auf Englisch „**h**our“.
Daher kommt das **h**.

1. Hilf Neo, den Fehler zu korrigieren. Wie viele Stunden Schule hat er jede Woche?
Rechne aus und schreibe einen Antwortsatz.

Was wird gesucht?
Die Anzahl der Unterrichtstunden pro Woche.

Was ist gegeben?
Neo hat montags, dienstags, mittwochs, donnerstags und freitags Schule.

An jedem Schultag hat er fünf Stunden Unterricht
(das steht in seinem Stundenplan).

Rechnung:

Antwort:

2. Wie viele Unterrichtsstunden hast du in der Woche?

Rechnung:

Antwort:

Name ____________________ Datum ____________________

Zeit

Du kannst **Minuten** mit **min** und **Sekunden** mit **s** abkürzen.

Eine Stunde hat **60 Minuten** und **eine Minute** hat **60 Sekunden.**
Eine Unterrichtsstunde hat an unserer Schule aber nur 50 Minuten.
Wie viele **Sekunden** sind das?

Warum hat eine Stunde 60 Minuten?

Die Zahlen 12 und 60 hatten in der Mathematik der alten Babylonier eine besondere Bedeutung. Babylon war in der Antike, also vor sehr langer Zeit, eine der wichtigsten Städte der Welt und die Hauptstadt Babyloniens.

Weil die Zahl 12 und die Zahl 60 für die Babylonier so wichtig waren, teilten sie einen Tag in zweimal 12 Stunden ($2 \cdot 12 = 24$) und eine Stunde in 60 Minuten ein ($5 \cdot 12 = 60$). Diese Einteilung von Tagen und Stunden benutzen wir noch heute.

Babylon

Name ______________________ Datum ______________________

Zeit

3. Kannst du die Minuten in Sekunden umrechnen?
Eine Unterrichtsstunde hat an Ramis Schule 50 Minuten.
Rechne aus, wie viele Sekunden eine Unterrichtsstunde hat.

Was wird gesucht?
Die Anzahl der Sekunden einer Unterrichtsstunde (50 Minuten)

Was ist gegeben?
Eine Minute hat 60 Sekunden.

Eine Unterrichtsstunde an Ramis Schule hat 50 Minuten.

Rechnung:

Antwort:

4. Wie viele Minuten hat eine Unterrichtsstunde an deiner Schule?
Rechne die Minuten in Sekunden um.

Name ______________________ Datum ______________________

GRÖSSEN UND MESSEN

Zeit

5. Rechne die Zeit um.

Wie viele Minuten brauchst du, um die ganze Aufgabe 5 zu bearbeiten? Schaue auf die Uhr.

Ich habe die Zeit mit einer Stoppuhr gemessen und 20 Minuten gebraucht. Bist du schneller als ich?

a) Eine Stunde hat 60 Minuten, das sind ______ Sekunden.

b) Ein Jahr hat 365 Tage, das sind ______ Stunden und ______ Sekunden.

c) Ein **Schaltjahr** hat 366 Tage, das sind ______ Stunden und ______ Sekunden.

d) Ein Tag hat 24 Stunden, das sind ______ Minuten und ______ Sekunden.

e) Ein Fußballspiel dauert 90 Minuten, das sind ______ Sekunden.

f) Ich bin ______ Jahre alt, das sind ______ Stunden und ______ Sekunden.

Notizzettel zum Rechnen

Ein **Schaltjahr** hat einen Tag mehr als ein normales Jahr. Jedes vierte Jahr ist ein Schaltjahr.
2020 war zum Beispiel ein Schaltjahr.

Name ______________________ Datum ______________________

GRÖSSEN UND MESSEN

Rechnen mit Geld

Du hast in deinem Alltag bestimmt schon mit Geld zu tun gehabt: Beim Einkaufen oder beim Zählen deines Taschengeldes. Auf den folgenden Seiten lernst du, über Geld zu sprechen und mit Geld zu rechnen.

Rami ist in den Sommerferien mit seinem Vater in der Stadt unterwegs. In einem Schaufenster entdeckt er ein Fahrrad. Er findet das Fahrrad toll.

Papa!
Das Fahrrad muss ich unbedingt haben!

Das Fahrrad kostet 200 Euro.
Wenn du das Geld sparst, kannst du dir das Fahrrad kaufen.

Zu Hause öffnet Rami sein Sparschwein.
Er möchte wissen, wie viel Geld er schon gespart hat.
Er sortiert zuerst Geldmünzen und Geldscheine.

1. **Umkreise alle Münzen rot und alle Geldscheine grün.**

Name ____________________ Datum ____________________

GRÖSSEN UND MESSEN

Rechnen mit Geld

2. Wie viele Münzen und wie viele Scheine hat Rami gespart?

Rami hat ______________ Münzen gespart.

Rami hat ______________ Scheine gespart.

Rami möchte nun genau wissen, wie viel Geld er gespart hat.
Auf dem Rückweg aus der Stadt hat ihm sein Vater erklärt, welche Einheiten es für Geldmünzen und Geldscheine in Deutschland gibt. Rami erinnert sich:

der Euro/die Euros:       

- Es gibt zwei Münzen (1 €, 2 €) und sechs Scheine (5 €, 10 €, 20 €, 50 €, 100 €, 200 €) mit der Einheit **Euro** (€).

der Cent/die Cents:    

- Es gibt sechs weitere Münzen mit der Einheit **Cent** (1 ct, 2 ct, 5 ct, 10 ct, 20 ct, 50 ct)
- Cent (ct) ist die kleinste Einheit, um einen Geldbetrag zu bezahlen.
- 1 Euro (€) sind 100 Cent (ct) → 1 € = 100 ct. **Cent** wird mit (ct) abgekürzt.

Rami möchte nun herausfinden, wie viel Geld er gespart hat.
Er sortiert die Euros und die Cents.

3. Trage die Anzahl der Scheine und Münzen in die Spalten der Tabelle ein.

50 €	20 €	10 €	5 €	2 €	1 €	50 ct	20 ct	10 ct	5 ct	2 ct	1 ct
											1

Rami strahlt vor Freude. Er hat 207 Euro und 50 Cent gespart.
Er kann das Fahrrad bezahlen!

Name ______________________ Datum ______________________

GRÖSSEN UND MESSEN

Rechnen mit Geld

INFO: siehe auch Fachwortschatz Deutsch, S. 14 und 15

In den Sommerferien hilft Fiona ihrer Oma im Dorfladen. Auch Fiona spart. Sie möchte sich ein Mikroskop kaufen. Um sich ein Mikroskop leisten zu können, hilft sie ihrer Oma im Geschäft.

Fiona, könntest du mir helfen, die Preise am Gemüseregal anzubringen?

Fiona bekommt von ihrer Oma eine Preisliste. Sie soll die Preise richtig aufschreiben. So kommen sie dann auf das Preisetikett.

4. Ergänze die Liste.

			Preisetikett
Salat	1 Euro und 99 Cent	1 € 99 ct	1,99 €
Tomaten	49 Cent	0 € 49 ct	
Karotte			1,00 €
Zwiebel		0 € 77 ct	
Avocado	2 Euro und 50 Cent		

Fiona. Ich habe eine Käseplatte mit verschiedenen Käsesorten vorbereitet. Die Käsesorten kosten unterschiedlich viel. Kannst du mir bitte sagen, welche Käsesorte die teuerste ist?

Fiona erinnert sich. Der Preis ist, wie viel man für eine Sache bezahlen muss. Käse, der 3,50 € kostet, ist **teurer als** Käse, der 2 € kostet. Umgekehrt kann man sagen: Käse, der 2 € kostet, ist **günstiger als** Käse, der 3,50 € kostet. Denn 2 € sind weniger als 3,50 €.

Gouda	**Frischkäse**	**Bergkäse**	**Camembert**
2 €	2,50 €	4 €	3,50 €

Name ______________________ Datum ______________________

GRÖSSEN UND MESSEN

Rechnen mit Geld

5. **Ergänze die Lücken entweder mit „teurer als“ oder „günstiger als“.**

Der Gouda ist ______________________ der Frischkäse.

Der Bergkäse ist ______________________ der Camembert.

Der günstigste Käse ist der ______________________ .

Der teuerste Käse ist der ______________________ .

Rami freut sich. Er fliegt in den Sommerferien mit seinen Eltern in die USA. Am Flughafen findet er einen Geldschein auf dem Boden.

USA ist die englische Abkürzung für den Ausdruck „**U**nited **S**tates of **A**merica“. Auf Deutsch übersetzt heißt das „Vereinigte Staaten von Amerika“. Die USA sind ein Land, genau wie Deutschland.

Schaut mal! Ich habe einen Geldschein gefunden.

Das ist ein US-Dollar, Neo. In vielen Ländern in Europa bezahlen die Menschen mit Euro und Cent. In den USA bezahlen die Menschen mit Dollar und Cent. Europäische Cent und US-amerikanische Cent haben aber nicht den gleichen Wert.

Aber ich habe nur Euros dabei, keine US-Dollar.

Das ist kein Problem. Wir gehen gleich zur Bank. Dort kannst du deine Euros in US-Dollar wechseln.

In der Bank steht Rami vor einer Tafel, auf der die Wechselkurse der Währungen anderer Länder angezeigt werden. Hier erfährt man, wie viel 1 Euro (1 €) in anderen Ländern wert ist. Man erfährt, wie viel Geld einer anderen Währung man für einen Euro bekommt.

Land	Währung	Wechselkurs		
Großbritannien	Pfund (£)	1,00 € (Ein Euro)	=	0,90 £ (90 Pence)
Vereinigte Staaten von Amerika (USA)	US-Dollar ($)	1,00 € (Ein Euro)	=	1,14 $ (Ein US-Dollar und 14 Cent)

Name ______________________ Datum ______________________

GRÖSSEN UND MESSEN

Größen, Gewicht und Längen

Länge und Gewicht sind Größenangaben für Lebewesen und Gegenstände. Mehr erfährst du darüber auf den folgenden Seiten.

Neo möchte für seinen Hund Lolli eine neue Hundehütte bauen. Rami und Fiona helfen ihm dabei. Sie überlegen zusammen, was für den Bau der Hundehütte wichtig ist.

Lolli ist 50 cm groß und 90 cm lang.

Woher weißt du das so genau?

Ich habe es mit einem **Maßband** gemessen.

Aber Lolli soll sich in seiner Hütte ja auch bewegen können. Die Hütte muss also größer sein als Lolli.

Wir können die Hütte doppelt so groß machen wie Lolli. Am besten wir machen eine Zeichnung.

Es gibt verschiedene Größen: Länge, Gewicht, Zeit.

Für **Längen** gibt es verschiedene **Maßeinheiten**:
Kilometer (km), Meter (m), Dezimeter (dm), Zentimeter (cm), Millimeter (mm).

Du kannst alle **Maßeinheiten** umrechnen:
1 km sind 1000 m, 1 m sind 10 dm, 1 dm sind 10 cm, 1 cm sind 10 mm.

Mit der **Umrechnungszahl** kannst du alle Größenangaben umrechnen. Durch Multiplikation rechnest du in die nächstkleinere Maßeinheit um, Beispiel: 1 cm · 10 = 10 mm.

Durch Division rechnest du in die nächstgrößere Maßeinheit um, Beispiel: 10 mm : 10 = 1 cm.

Tipp: Wenn du vergessen hast, was Multiplikation oder Division ist, schau auf den Seiten 30 bis 33 nach.

Name ______________________ Datum ______________________

Größen, Gewicht und Längen

INFO: siehe auch S. 42

Zusammen haben Neo, Rami und Fiona eine Hundehütte gezeichnet.

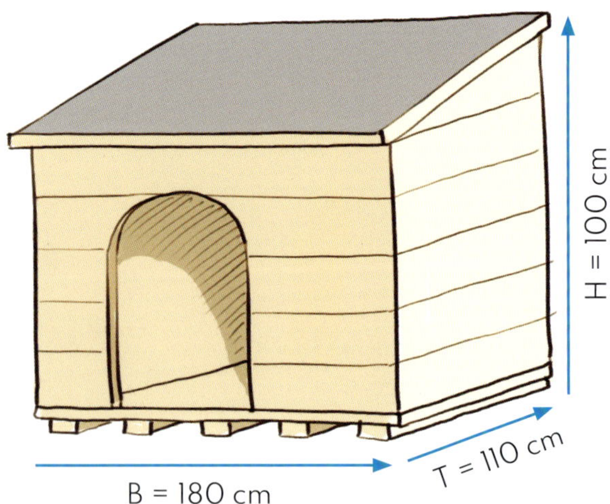

Breite (B):
Die lange Seite der Hundehütte.

Tiefe (T):
Die kurze Seite der Hundehütte.

Höhe (H):
Die längste Seite vom Boden bis zum Dach der Hundehütte.

1. Wie breit, tief und hoch soll die Hundehütte für Lolli werden? Ergänze die Sätze.

Die Hütte soll ______________ cm breit sein.

Die Hütte soll ______________ cm tief sein.

Die Hütte soll ______________ cm hoch sein.

2. Rechne die Maßangaben mit der Umrechnungszahl um.

Tipp: Du kannst dir im Kasten auf Seite 69 Hilfe holen.

	cm	m	mm	dm
Breite	180			
Höhe		1,00		
Tiefe			1100	

Die Hundehütte braucht auch einen Eingang. Die Höhe und die Breite des Eingangs messen wir am besten mit dem **Gliedermaßstab**.

Name ____________________ Datum ____________________

GRÖSSEN UND MESSEN

Größen, Gewicht und Längen

Als die Hundehütte endlich fertig ist, rufen Neo, Rami und Fiona zusammen: „Lolli, komm!“ Aber Lolli hat sich versteckt.

Rami geht zu Lolli und versucht ihn anzuheben.

Puh! Du bist aber schwer. Ich kann dich gar nicht tragen. Wie viel wiegst du denn?

Schnell holt Neo eine Waage aus dem Haus. Mit Hundefutter lockt er Lolli auf die Waage. Die Waage zeigt 15,5 kg an.

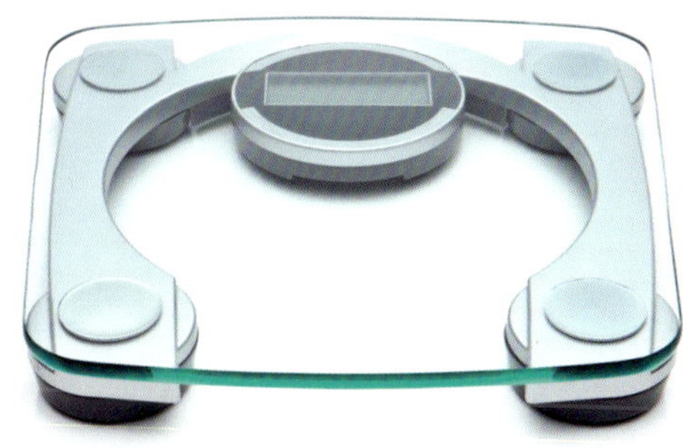

Tapsi, mein Kaninchen, wiegt nur 990 g. Im Gegensatz zu Lolli ist Tapsi ein Leichtgewicht.

Name ______________________ Datum ______________________

GRÖSSEN UND MESSEN

Größen, Gewicht und Längen

INFO:
siehe auch Fachwortschatz Deutsch, S. 37 bis 39

Für das **Gewicht** gibt es auch verschiedene **Maßeinheiten**:
Gramm (g), Kilogramm (kg), Tonne (t).
Gewichte kannst du auch mit einem Komma schreiben.
Beispiel: 1250 g = 1 kg 250 g = 1,259 kg

Du kannst auch hier wieder alle **Maßeinheiten** umrechnen:
1 kg sind 1000 g, 1 t sind 1000 kg.

3. Rechne die Gewichtsangaben mit der Umrechnungszahl um.

Tipp: Du kannst dir im Kasten oben Hilfe holen.

Wer?	g	kg	t
Lolli		15,5	
Tapsi	990		
Neo			0,042
Rami		41,9	
Fiona	38 000		

4. Du kennst Gewichtsangaben auch von Rezepten.
Dieses Rezept enthält nur Kilogramm-Angaben.
Aber in Rezepten wird meistens mit Gramm gerechnet.

Rechne um und trage die Grammangaben in die Lücken ein.

Schokoladen-Muffins

Zutaten:
- 0,09 kg Vollmilchschokolade
- 0,08 kg Butter
- 0,1 kg Zucker
- 2 Eier
- 0,04 kg Kakao-Pulver
- 0,35 kg Mehl
- ein halben Teelöffel Backpulver

Schokoladen-Muffins

Zutaten:
- ________ g Vollmilchschokolade
- ________ g Butter
- ________ g Zucker
- 2 Eier
- ________ g Kakao-Pulver
- ________ g Mehl
- ein halben Teelöffel Backpulver

Name ______________________ Datum ______________________

GRÖSSEN UND MESSEN

Das habe ich gelernt

Du hast etwas über die Zeit, das Rechnen mit Geld sowie Größen, Gewichte und Längen erfahren. Überprüfe, wie gut du es verstanden hast.

Tipp: Wenn du dir unsicher bist, dann schaue ruhig noch einmal auf den Seiten 60 bis 72 nach.

Schätze ein und kreuze an: 

Wie gut kennst du dich damit aus, wie viele Tage eine Woche hat, wie viele Stunden ein Tag hat, wie viele Minuten eine Stunde hat und wie viele Sekunden eine Minute hat?

gar nicht

noch nicht so gut

es geht so

gut

sehr gut

Wie gut kannst du herausfinden, wie viele Unterrichtsstunden du in der Woche hast?

gar nicht

noch nicht so gut

es geht so

gut

sehr gut

Wie gut kannst du Geldscheine von Geldmünzen unterscheiden?

gar nicht

noch nicht so gut

es geht so

gut

sehr gut

Wie gut kennst du dich damit aus, welche Einheiten es für Geldmünzen und Geldscheine in Deutschland gibt?

gar nicht

noch nicht so gut

es geht so

gut

sehr gut

Name ______________________ Datum ______________________

GRÖSSEN UND MESSEN

Das habe ich gelernt

Schätze ein und kreuze an: 

Wie gut kannst du einen Preis richtig aufschreiben?

 gar nicht
 noch nicht so gut
 es geht so
 gut
 sehr gut

Wie gut kannst du erkennen, was die Länge, die Breite und die Höhe eines Gegenstandes ist?

 gar nicht
 noch nicht so gut
 es geht so
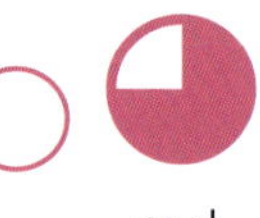 gut
 sehr gut

Wie gut kannst du Maßangaben (mm, cm, dm, m) und Gewichtsangaben (g, kg, t) mit einer Umrechnungszahl umrechnen?

 gar nicht
 noch nicht so gut
 es geht so
 gut
 sehr gut

Name ______________________ Datum ______________________

DATEN, HÄUFIGKEIT, WAHRSCHEINLICHKEIT

Tabellen und Diagramme

INFO:
siehe auch Basiswortschatz und Aufbauwortschatz, S. 6

Auf den folgenden Seiten geht es um Tabellen und Diagramme. Eine Tabelle, mit der du dich bereits gut auskennst, ist zum Beispiel dein Stundenplan. Vielleicht hast du auch schon einmal in der Schule oder in den Nachrichten ein Diagramm gesehen.

Neos Klasse hat Matheunterricht. Noch weiß Neo nicht, dass die Mathestunde heute zur Sportstunde wird.

Die Tabelle

Die Tabelle hat **Spalten** und **Zeilen**.

Die Spalten verlaufen **senkrecht** und die Zeilen **waagrecht**.

	1. Spalte	**2. Spalte**
1. Zeile		
2. Zeile		
3. Zeile		

Aus Tabellen kannst du *Daten ablesen*. Daten stellen wichtige Informationen dar.

Du kannst aber auch *Daten erfassen und darstellen*.

Was heißt denn *Daten erfassen*?
Wozu brauche ich das?

Gute Frage, Fiona!
Stell dir vor, du machst mit deinen Freunden ein Wettrennen.
Ihr macht drei Läufe. Wer zwei oder drei davon gewinnt, ist der Sieger oder auch die Siegerin eures Wettbewerbs.
Damit ihr wisst, wer am schnellsten war, müsst ihr die Zeit stoppen. Die Zeiten für jeden Lauf könnt ihr in eine Tabelle eintragen und vergleichen. In der Tabelle könnt ihr dann ablesen, wer der Sieger oder die Siegerin ist.

Name ______________________ Datum ______________________

DATEN, HÄUFIGKEIT, WAHRSCHEINLICHKEIT

Tabellen und Diagramme

Da hat Kabira eine Idee und macht einen Vorschlag.

Frau Adams,
bitte lassen Sie uns auch
einen Wettlauf veranstalten.

Das ist eine tolle Idee,
Kabira!

Das können wir machen.
Ihr müsst mir aber
versprechen, leise auf den
Sportplatz zu gehen.
Die anderen Klassen sollen
nicht gestört werden.

Kabira, Neo und Rami gehen als Läufer an den Start. Sie laufen die 30 m-Strecke. Frau Adam stoppt die Zeit mit der Stoppuhr. Malika darf die Zeiten aufschreiben. Die anderen Kinder sind im Publikum und jubeln den Athleten zu. Wer am schnellsten ist, gewinnt den Lauf. Für den Sieger oder die Siegerin hat die Klasse eine Medaille gebastelt.

	1. Lauf	**2. Lauf**	**3. Lauf**	**Anzahl gewonnene Läufe**
Kabira	8,0 s	7,5 s	7,0 s	
Neo	6,5 s	6,5 s	6,5 s	
Rami	7,0 s	7,0 s	6,0 s	

Name ______________________ Datum ______________________

DATEN, HÄUFIGKEIT, WAHRSCHEINLICHKEIT

Tabellen und Diagramme

1. Wer hat die meisten Läufe gewonnen?
Ergänze die Tabelle auf Seite 76.
Schreibe den Namen des Siegers oder der Siegerin auf die Medaille.

Die Klasse geht zurück ins Klassenzimmer. Dort angekommen, wollen sie sich die Ergebnisse der einzelnen Läufe genau ansehen und darstellen. Frau Adam erklärt, wie sie es machen können.

Das Balkendiagramm

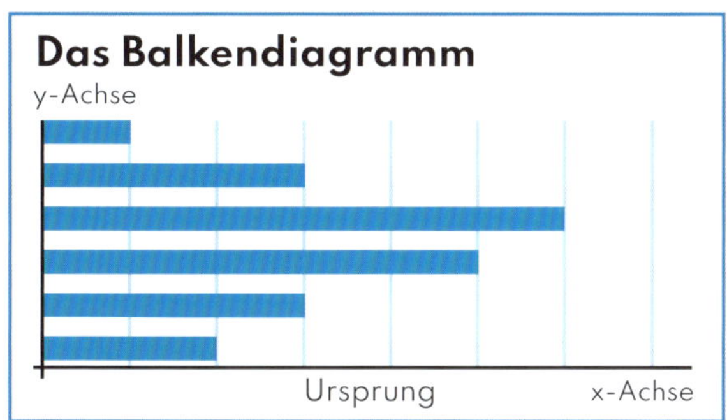

Das Säulendiagramm

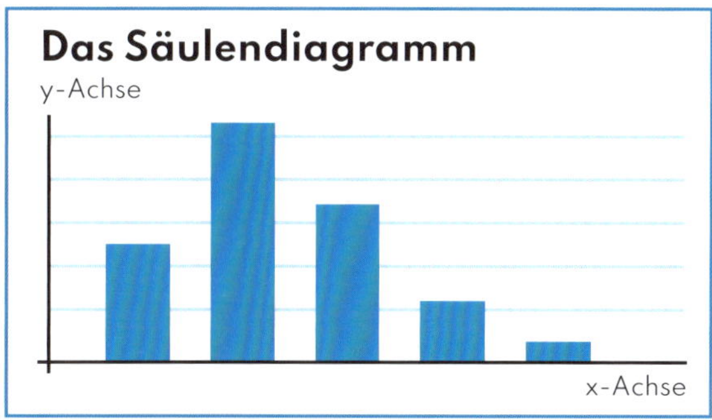

Das Kreisdiagramm

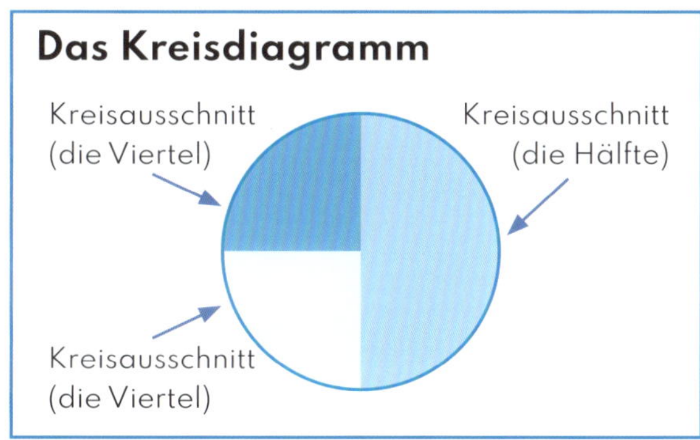

Zu einem Kreisdiagramm kannst du auch **Tortendiagramm** sagen. Es heißt so, weil es ein bisschen an eine Torte erinnert.

Es gibt **Balkendiagramme**, **Säulendiagramme** und **Kreisdiagramme**.

Das **Balkendiagramm** hat waagerecht liegende Balken.

Das **Säulendiagramm** hat senkrecht stehende Säulen. Sie haben eine x-Achse und eine y-Achse. Der Punkt, in dem sich die Achsen schneiden, ist der Ursprung oder auch Nullpunkt.

Beim **Kreisdiagramm** zeigen die Kreisausschnitte die Anteile von einem Ganzen. Das ist ein bisschen wie bei einer Pizza.

Name ______________________ Datum ______________________

DATEN, HÄUFIGKEIT, WAHRSCHEINLICHKEIT

Tabellen und Diagramme

Kabira, Neo und Rami haben mit den Daten aus der Tabelle Diagramme erstellt. Die Diagramme sollen darstellen, wer die meisten Läufe gewonnen hat. Leider haben sie vergessen, die Diagramme zu beschriften.

2. Kannst du Kabira, Neo und Rami helfen?

a) Beschrifte die Diagramme. Ist es ein Balkendiagramm, ein Säulendiagram oder ein Kreisdiagramm?

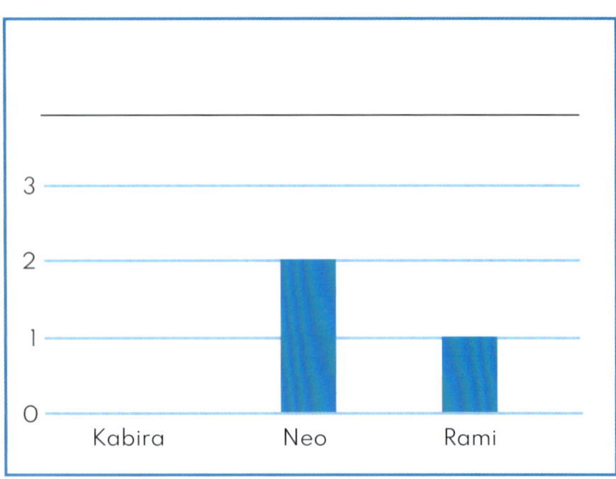

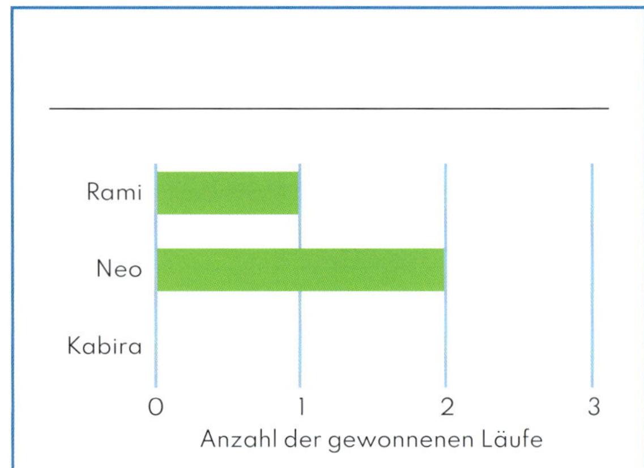

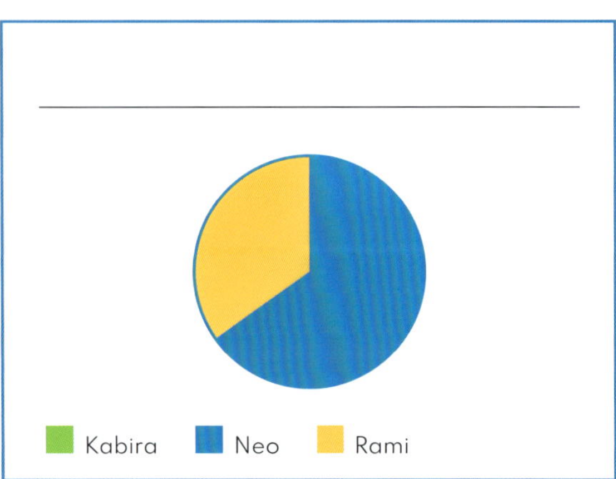

Die Erklärung zu einem Diagramm wird **Legende** genannt. In einer Legende erklärst du zum Beispiel, was die Farben eines Diagramms bedeuten.

b) Welches Diagramm stellt die Ergebnisse am besten dar? Begründe deine Antwort.

Tipp: Schaue dir die Legenden an.

____

____

____

Name ______________________ Datum ______________________

Wahrscheinlichkeiten einschätzen

Auf diesen Seiten bekommst du eine Vorstellung davon, was es heißt, wenn ein Ereignis sicher, wahrscheinlich, möglich, unwahrscheinlich oder unmöglich ist.

Fiona und ihre Klasse schauen sich heute im Matheunterricht Würfelergebnisse an. Fiona lernt, dass bestimmte **Augenzahlen** bei einem Wurf **sicher**, **möglich** oder **unmöglich** sind. Sie schaut sich die Merksätze genau an.

Merksatz 1:
Bei einem Würfelwurf bekommt man **sicher** eine der Augenzahlen 1, 2, 3, 4, 5 oder 6.

Verstehe. **Immer** wenn ich einen Würfel werfe, erhalte ich **auf jeden Fall** eine dieser Augenzahlen (1, 2, 3, 4, 5 oder 6). Das ist **sicher**.

Merksatz 2:
Es ist **möglich**, eine gerade (g) oder eine ungerade (u) Augenzahl zu würfeln.

Ich **kann** also eine gerade Augenzahl (2, 4, 6) würfeln. Es muss aber nicht so sein. Ich **kann** genauso eine ungerade Augenzahl würfeln (1, 3, 5).

Merksatz 3:
Es ist **unmöglich**, mit einem Würfel mit den Augenzahlen 1 bis 6 eine andere Augenzahl als 1, 2, 3, 4, 5 oder 6 zu würfeln.

Aha. Dieser Würfel hat nur Augenzahlen von 1 bis 6. Da kann es **nie** und **auf keinen Fall** sein, dass ich eine Augenzahl größer 6 würfele.

Name ______________________ Datum ______________________

Wahrscheinlichkeiten einschätzen

1. Welche anderen Wörter kannst du für *sicher, möglich* und *unmöglich* noch benutzen?
Ordne die Formulierungen im Wortspeicher passend zu.

Formulierungen: immer | nie | auf jeden Fall | es kann sein | auf keinen Fall

Wortspeicher:

sicher	möglich	unmöglich

2. Lies dir die Sätze aufmerksam durch.
Male das Feld vor den Ereignissen, die du für sicher hältst grün, die du für möglich hältst gelb und die du für unmöglich hältst rot an.

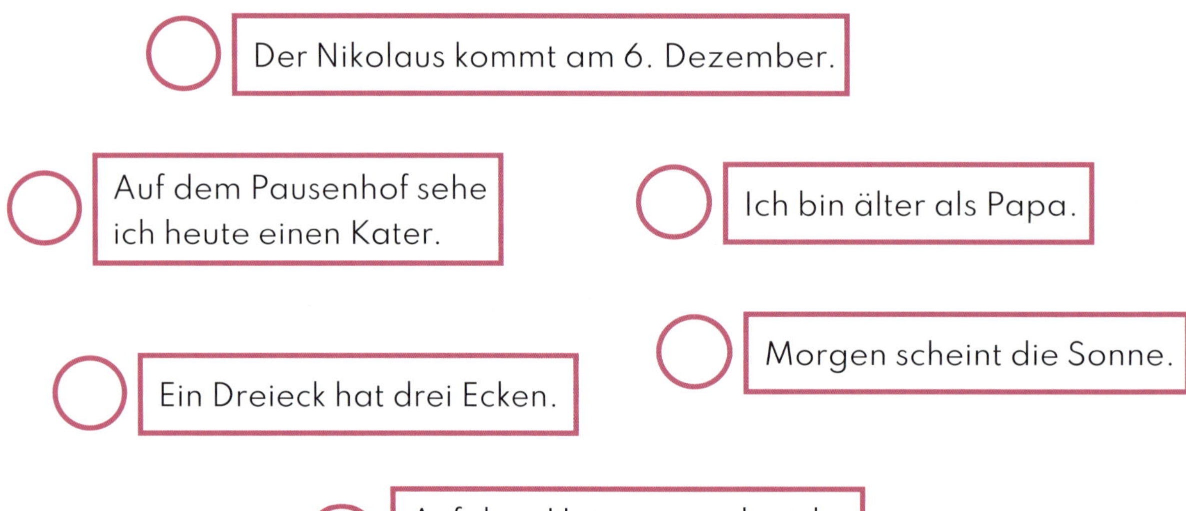

Name ______________________ Datum ______________________

DATEN, HÄUFIGKEIT, WAHRSCHEINLICHKEIT

Wahrscheinlichkeiten einschätzen

Neo und Rami lernen heute im Matheunterricht die Wörter „wahrscheinlich“ und „unwahrscheinlich“ kennen. Hierzu schauen sie sich an, wie wahrscheinlich es ist, aus verschiedenen Säcken eine blaue Kugel zu ziehen.

Hier ist es **sicher**, dass ich eine blaue Kugel ziehe, weil es **nur blaue Kugeln** gibt.	Hier ist es **wahrscheinlich**, dass ich eine blaue Kugel ziehe, weil es **mehr blaue als rote Kugeln** gibt.	Hier ist es **möglich**, dass ich eine blaue Kugel ziehe, weil es **gleich viele blaue wie rote Kugeln** gibt.	Hier ist es **unwahrscheinlich**, dass ich eine blaue Kugel ziehe, weil es **weniger blaue als rote Kugeln** gibt.	Hier ist es **unmöglich**, dass ich eine blaue Kugel ziehe, weil es **keine blaue Kugeln** gibt.

3. Wie wahrscheinlich ist es, eine rote Kugel zu ziehen? Male das richtige Kästchen rot aus.

sicher
wahrscheinlich
möglich
unwahrscheinlich
unmöglich

sicher
wahrscheinlich
möglich
unwahrscheinlich
unmöglich

sicher
wahrscheinlich
möglich
unwahrscheinlich
unmöglich

sicher
wahrscheinlich
möglich
unwahrscheinlich
unmöglich

4. Fülle die Säckchen so mit farbigen Kugeln, dass die Aussagen stimmen.

sicher
wahrscheinlich
möglich
unwahrscheinlich
unmöglich

sicher
wahrscheinlich
möglich
unwahrscheinlich
unmöglich

Name ______________________ Datum ______________________

DATEN, HÄUFIGKEIT, WAHRSCHEINLICHKEIT

Wahrscheinlichkeiten einschätzen

Rami, Fiona und Neo haben sich für den Jahrmarkt verabredet.
Letztes Jahr hatten sie kein Glück beim Entenangeln.
Dieses Jahr bieten zwei Stände das Spiel an: *Ententanz* und *Ente gut, alles gut*.

Das Besondere ist, dass man die Entchen nur mit verbundenen Augen angeln darf. Ihr Wissen aus der Schule hilft den drei Freunden, ihre Gewinnchancen dieses Jahr besser einzuschätzen, grüne Enten zu angeln. Sie überlegen, bei welchem der beiden Stände es wahrscheinlicher ist, zu gewinnen.

5. Welche Aussagen der drei Freunde stimmen? Kreuze an.

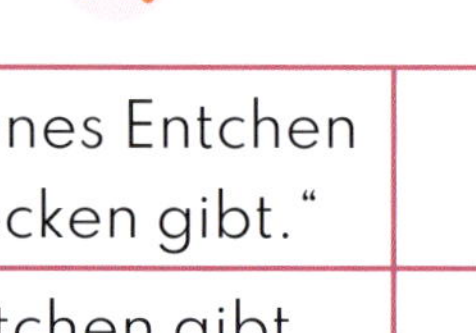

Fiona	„Beim Stand *Ententanz* ist es *wahrscheinlicher*, ein grünes Entchen zu ziehen, weil es mehr grüne als gelbe Entchen im Becken gibt."	
Rami	„Je mehr grüne Entchen es im Vergleich zu gelben Entchen gibt, desto *wahrscheinlicher* ist es, ein grünes Entchen zu fangen."	
Neo	„Die Chance beim Stand *Ente gut, alles gut* zu gewinnen, ist *weniger wahrscheinlich* als beim Stand Ententanz."	

Die drei Freunde entscheiden sich für den Stand *Ententanz*.
Und es hat sich gelohnt! Sie haben dieses Jahr tatsächlich gewonnen.

6. Dieses Mal gewinnt Gelb. Für welches der folgenden Becken würdest du dich entscheiden? Begründe deine Entscheidung.

Diese Formulierungen helfen dir:
wahrscheinlicher als, unwahrscheinlicher als

Ich würde mich für das Becken ______________________ entscheiden, weil

____

____

Name ______________________ Datum ______________________

DATEN, HÄUFIGKEIT, WAHRSCHEINLICHKEIT

Kombinieren

Wie viele Outfits kann man mit drei T-Shirts und drei Hosen zusammenstellen? Mit Fragen dieser Art beschäftigst du dich auf den nächsten Seiten. Du lernst das Baumdiagramm kennen, das dir beim Lösen solcher Aufgaben hilft.

Neo geht am Sonntag mit seinen Großeltern im Restaurant essen. Während sie auf das Essen warten, dreht sich sein Opa zu ihm:

> Neo, mit einem kleinen Rätsel vergeht die Wartezeit wie im Flug. Stell dir vor: Ich werfe eine Münze zwei Mal. Sie kann bei jedem Wurf entweder auf dem Kopf oder auf der Zahl landen. Wie viele unterschiedliche Wurfergebnisse können dabei herauskommen?

> Ist doch klar: Zwei! Entweder erst Kopf und dann Zahl oder genau umgekehrt, erst Zahl und dann Kopf.

Neos Opa legt zwei Münzen auf eine Serviette. Er malt und spricht dazu:

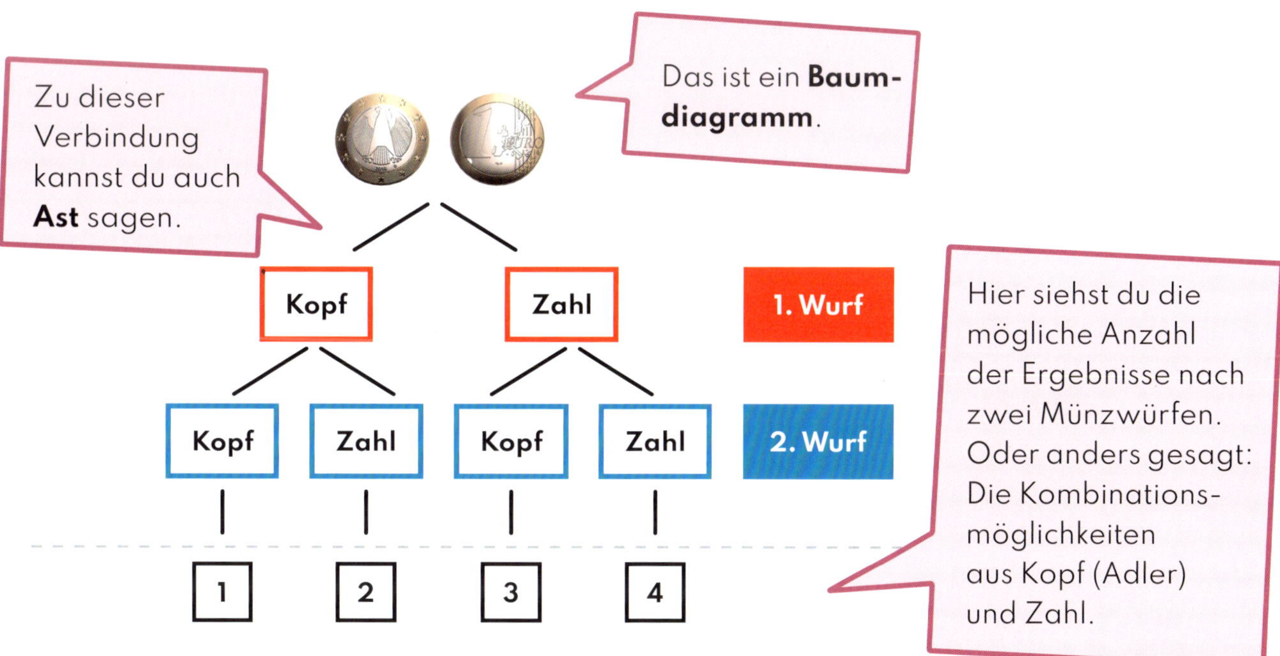

> Stimmt, jetzt sehe ich es. Es gibt nicht zwei, sondern vier mögliche Wurfergebnisse! Man kann auch zwei Mal Kopf oder zwei Mal Zahl hintereinander werfen!
> Und die Äste im Baumdiagramm erinnern mich wirklich an eine verzweigte Baumkrone! Danke für den Tipp, Opa!

Name ______________________ Datum ______________________

Kombinieren

Fiona geht am Sonntag mit ihrer Oma Eis essen.

Fiona: „So viele Möglichkeiten! Ich kann mich nicht entscheiden …"
Fionas Oma: „Weißt du, wie viele Möglichkeiten du hast?"

1. Fiona darf sich eine Waffel und eine Kugel Eis aussuchen. Welche Möglichkeiten hat sie?

Male an.

2. Male dazu nun auch das Baumdiagramm passend an.

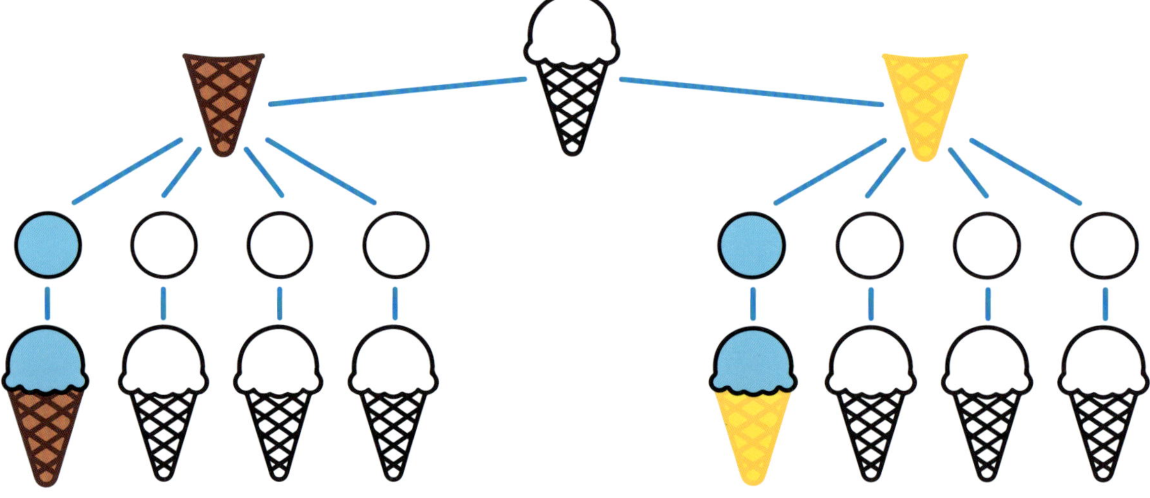

Antwortsatz: Fiona hat ______________ Möglichkeiten, ihr Eis zu kombinieren.

Name ______________________ Datum ______________________

DATEN, HÄUFIGKEIT, WAHRSCHEINLICHKEIT

Kombinieren

Rami und seine Freunde Fiona und Neo gehen am Wochenende in den Park. Dort möchten die drei ein schönes Foto schießen. Rami überlegt, was er dafür anzieht.

Zur Auswahl hat er: drei Hosen

und drei T-Shirts

3. **Male alle möglichen Kombinationen aus T-Shirts und Hosen.**

Antwortsatz:

Rami kann aus ______________ Kombinationen wählen.

4. **Zeichne dazu ein Baumdiagramm.**

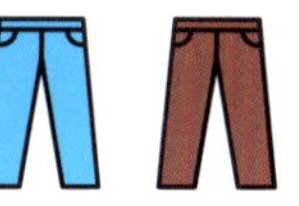

Name ______________________ Datum ______________________

Kombinieren

Rami und seine Freunde verbringen einen schönen Tag im Park. Um diese Erinnerung festzuhalten, möchten sie noch ein Foto vor dem Brunnen machen. Ein nettes junges Mädchen macht ein Foto von Ihnen.

F = Fiona

N = Neo

R = Rami

5. Wie viele Möglichkeiten haben die drei, sich nebeneinander zu stellen? Schreibe sie auf.

F N R

6. Schreibe einen Antwortsatz.

Tipp: Die Antwortsätze aus den Aufgaben 2 und 3 können dir dabei helfen.

____

____

____

____

Name ______________________ Datum ______________________

Das habe ich gelernt

Du hast etwas über Tabellen und Diagramme gelernt. Du hast erfahren, wie du aus Tabellen und Diagrammen wichtige Informationen ablesen kannst. Du hast aber auch gesehen, wie du mithilfe von Tabellen und Diagrammen wichtige Informationen erfassen und darstellen kannst.

Tipp: Wenn du dir unsicher bist, dann schaue noch einmal auf den Seiten 75 bis 78 nach.

Schätze ein und kreuze an: 

Was denkst du, wie gut kannst du Informationen aus einer Tabelle ablesen?

○ gar nicht ○ noch nicht so gut ○ es geht so ○ gut ○ sehr gut

Wie gut kannst du Informationen aus einem Diagramm ablesen?

○ gar nicht ○ noch nicht so gut ○ es geht so ○ gut ○ sehr gut

Und wie gut kennst du dich mit verschiedenen Diagrammen aus?

○ gar nicht ○ noch nicht so gut ○ es geht so ○ gut ○ sehr gut

Name ________________ Datum ________________

DATEN, HÄUFIGKEIT, WAHRSCHEINLICHKEIT

Das habe ich gelernt

Du hast dich mit der Wahrscheinlichkeit von Ereignissen beschäftigt. Du hast gelernt, was es heißt, wenn etwas *sicher*, *möglich* oder *unmöglich* ist.

Tipp: Wenn du dir unsicher bist, dann schaue noch einmal auf den Seiten 79 bis 82 nach.

Schätze ein und kreuze an: 

Wie gut kannst du erklären, was *sicher*, *möglich* und *unmöglich* bedeutet?

gar nicht

noch nicht so gut

es geht so

gut

sehr gut

Kannst du auch erklären, wie wahrscheinlich es ist, eine ungerade Augenzahl (also eine 1, 3 oder 5) mit einem Würfel zu würfeln?

gar nicht

noch nicht so gut

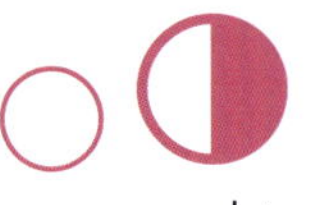
es geht so

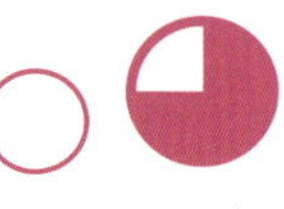
gut

sehr gut

Du hast gelernt, was ein Baumdiagramm ist. Du hast dich auch damit beschäftigt, wie du verschiedene Kombinationen von zum Beispiel Hosen und T-Shirts finden kannst.

Tipp: Wenn du dir unsicher bist, dann schaue noch einmal auf den Seiten 83 bis 86 nach.

Wie gut, kannst du erklären, was du mit einem Baumdiagramm darstellen kannst?

gar nicht

noch nicht so gut

es geht so

gut

sehr gut

Und wie gut bist du darin, verschiedene Kombinationen darzustellen, zum Beispiel von 3 Hosen und 3 T-Shirts?

gar nicht

noch nicht so gut

es geht so

gut

sehr gut

Wörterverzeichnis

ablesen (abgelesen)
Wenn du in einer Tabelle nachsiehst, was dort steht, dann *liest* du Informationen *ab*.

ähnlich
Wenn zwei Sachen oder zwei Personen fast gleich aussehen, dann sehen sie sich *ähnlich*.

allgemeingültig
Wenn etwas für alle so ist oder immer zutrifft, dann ist es *allgemeingültig*.

Athlet, der (Plural: die Athleten)
Ein *Athlet* ist eine Person, die viel Sport macht und an einem sportlichen Wettkampf teilnimmt, zum Beispiel bei einer Olympiade.

aufteilen (aufgeteilt)
Wenn du 60 Kekse hast und immer 12 Kekse in eine Keksdose packen möchtest, musst du überlegen, wie du die Kekse *aufteilen* kannst. Du musst herausfinden, wie viele Keksdosen du brauchst, um alle 60 Kekse zu verpacken. Die 12 passt in die 60 fünfmal hinein. Deshalb brauchst du 5 Keksdosen, um alle 60 Kekse aufzuteilen.

auf ein Ergebnis kommen
(Plural: auf Ergebnisse kommen)
Wenn du zum Beispiel 5 • 5 rechnest, ist das Ergebnis 25. Durch den Rechenweg *kommst du auf das Ergebnis*.

Augenzahl, die
(Plural: die Augenzahlen)

Beim Spielen mit einem Würfel sind die Punkte, die nach oben zeigen, die *Augenzahlen*.

Aussage, die (Plural: die Aussagen)
Aussagen sind Sätze, die wahr oder falsch sein können. Aussagesätze haben einen Punkt (.) am Satzende.

ausfüllen (ausgefüllt)
Du kannst zum Beispiel einen Lückentext *ausfüllen*, indem du die fehlenden Wörter in die Lücken schreibst.

Backpulver, das
Backpulver ist ein weißes Pulver, das man oft zum Backen benutzt. Durch das Backpulver werden Kuchen größer und lockerer.

Balkendiagramm, das
(Plural: die Balkendiagramme)
Mit einem *Balkendiagramm* kannst du Häufigkeiten darstellen.

(sich) befinden (befunden)
Auf dieser Seite *befinden sich* viele Worterklärungen. Du kannst hier also unterschiedliche Worterklärungen finden.

Begriff, der
(Plural: die Begriffe)
Ein anderer Name für „Wort".

beschriften (beschriftet)
Du kannst auch einen geometrischen Körper oder eine geometrische Figur *beschriften*, indem du dazu schreibst, wie der Körper oder die Figur heißen.

darstellen, (dargestellt)
Wenn du etwas *darstellst*, dann zeichnest du zum Beispiel ein Bild zu etwas oder ein Diagramm. Ein Diagramm zeigt zum Beispiel Zahlen auf eine andere Art und Weise.

Daten, die (gibt es nur im Plural)
Daten sind wichtige Informationen. Wichtige Informationen kannst du in einer Tabelle erfassen. Du kannst zum Beispiel in einer Tabelle aufschreiben, wie schnell die Läufer bei einem Wettlauf ins Ziel gekommen sind. Das ist wichtig, um zu wissen, wer gewonnen hat.
Die Zeiten der Läufer sind deshalb wichtige Informationen, die man auch Daten nennt.

deckungsgleich
Wenn Figuren in Form und Größe gleich sind, dann sind sie *deckungsgleich*.

Dividend, der (Plural: die Dividenden)
Der *Dividend* ist die Zahl, die geteilt wird

Division, die (Plural: die Divisionen)
Geteilt-Rechnen nennt man Dividieren. Die ganze Aufgabe heißt *Division*.

Divisor, der (Plural: die Divisoren)
Der *Divisor* ist die Zahl, durch die geteilt wird. Der Divisor wird auch Teiler genannt.

dreidimensional
Ein Körper ist immer *dreidimensional*. Er geht also immer in drei Richtungen (Länge: nach vorne und hinten, Breite: nach rechts und links, Höhe: nach oben und unten)

einkreisen (eingekreist)
Wenn du auf deinem Blatt mit einem Stift einen Kreis um ein Wort machst, dann *kreist du* das Wort *ein*.

eintragen (eingetragen)
Wenn *du* etwas *einträgst*, dann schreibst du etwas an eine bestimmte Stelle, zum Beispiel in eine Tabelle oder in dein Heft.

einschätzen (eingeschätzt)
Du schätzt etwas dann *ein*, wenn du es nicht genau weiß. Du kannst zum Beispiel *einschätzen*, wie alt dein Lehrer oder deine Lehrerin ist. Um es genau zu wissen, musst du ihn oder sie fragen.

Entenangeln, das
Entenangeln ist ein Spiel, das du auf einem Jahrmarkt spielen kannst.
Dabei schwimmen Enten aus Plastik im Wasser und du fängst sie mit einer Angel. Je mehr Enten du angelst, desto mehr Punkte bekommst du.

erfassen (erfasst)
Wenn du etwas erfasst, dann schreibst du es auf. Du kannst auch Daten in einer Tabelle *erfassen*. Daten können zum Beispiel Mengenangaben, wie Liter oder Kilogramm sein.

Erinnerung festhalten (eine Erinnerung festhalten, Plural: die Erinnerungen festhalten)
Du kannst eine *Erinnerung festhalten*, indem du ein Erlebnis aufschreibst oder ein Foto davon machst. Ein Tagebuch ist zum Beispiel dafür da, um die eigenen Erinnerungen an einen bestimmten Tag schriftlich festzuhalten.

Experte, der (Plural: die Experten)
Ein *Experte* ist jemand, der sehr viel über etwas Bestimmtes weiß.
Wenn du viel Wissen über Hunde hast, bist du ein Hundeexperte.

Fachbegriff, der (Plural: die Fachbegriffe)
Wenn du im Matheunterricht Wörter benutzt, die es nur im Fach Mathe gibt, dann sind es *Fachbegriffe*. In jedem Fach gibt es solche Wörter. „Parallele" ist zum Beispiel ein Fachwort.

folgen (gefolgt)
In der Schule *folgt* auf die erste Schulstunde die zweite Schulstunde. Wenn die erste Schulstunde vorbei ist, kommt danach die zweite Schulstunde.

Formulierung, die (Plural: die Formulierungen)
Eine *Formulierung* ist eine Aussage oder Beschreibung. Es sind auch Wörter oder Wortpaare, die dir helfen, deine Gedanken auszudrücken.

Foto schießen
Wenn du ein *Foto schießt*, dann machst du ein Bild mit der Kamera oder deinem Handy.

geben (gegeben)
Wenn im Matheunterricht gefragt wird, was *„gegeben"* ist, dann musst du schauen, welche Informationen in der Aufgabe schon bekannt sind.

Gehege, das
(Plural: die Gehege)
Ein *Gehege* ist so etwas wie ein Stall. Ein Platz, der einen Zaun hat und in dem Tiere leben.

Gemälde, das
(Plural: die Gemälde)
Ein *Gemälde* ist ein gemaltes Bild.

Geometrie, die
Die *Geometrie* ist ein Bereich der Mathematik, der sich zum Beispiel mit Figuren wie Dreiecke und Vierecke beschäftigt.

Geometrische Figuren
(Plural, die geometrischen Figuren)
Geometrische Figuren sind Formen, mit denen man sich in einem bestimmten Bereich der Mathematik (der Geometrie) beschäftigt.

Gerade, die
(Plural: die Geraden)
Eine *Gerade* ist ein langer Strich, der keinen Anfangspunkt und keinen Endpunkt hat. Eine Gerade ist unendlich lang.

Geschichte, die
Geschichte ist ein Unterrichtsfach, das sich mit allem beschäftigt, was in der Vergangenheit passiert ist und wie Menschen früher gelebt haben.

Gewinnchance, die
(Plural: die Gewinnchancen)
Wenn du eine hohe *Gewinnchance* hast, dann ist es sehr gut möglich, dass du ein Spiel gewinnst.

gewölbt
Wenn etwas gebogen und nicht gerade ist, dann ist es *gewölbt*.

Glückszahl, die
(Plural: die Glückszahlen)
Wenn du eine *Glückszahl* hast, dann magst du diese Zahl besonders gerne und glaubst, dass sie dir Glück bringt.

Hausaufgabenbetreuung, die
(Plural: die Hausaufgabenbetreuungen)
Die *Hausaufgabenbetreuung* ist ein Ort, an dem Kinder zusammen Hausaufgaben machen. Es gibt dort Erwachsene, die dir bei den Hausaufgaben helfen.

Hundertertafel, die
(Plural: die Hundertertafeln)
Die *Hundertertafel* ist ein Viereck, in dem alle Zahlen von 1 bis 100 aufgeschrieben sind.

Im Gegensatz zu
Im Gegensatz zu nutzt man dann, wenn man sagen will, dass sich zwei Dinge voneinander unterscheiden. Beispiel:
Im Gegensatz zum Sommer, ist es im Winter kalt.

immer
Wenn Angelo die Pizza *immer* in gleich große Stücke schneidet, dann tut er es jedes Mal. Immer ist also ein anderes Wort für „jedes Mal".

Jahrmarkt, der
(Plural: die Jahrmärkte)
Ein *Jahrmarkt* ist ein Fest in der Stadt, das jedes Jahr für mehrere Tage stattfindet. Es gibt dort oft Karussells und Essen. Man nennt dieses Fest auch manchmal Kirmes, Kerwe, Kirchweih oder Rummel.

jubeln
Wenn du etwas vor Freude laut rufst, dann *jubelst du.*

Kaiser, der
(Plural: die Kaiser)
Ein *Kaiser* ist ein bedeutender Herrscher. Ein König kann zum Kaiser ernannt werden und ist dann noch mächtiger als zuvor.

kombinieren (kombiniert)
Man kombiniert etwas, in dem man zwei oder mehrere Einzelteile miteinander in Verbindung bringt. Du kannst zum Beispiel ein Hemd mit unterschiedlichen Hosen *kombinieren* und dadurch unterschiedliche Outfits erhalten (siehe Erklärung zu „Outfit").

kongruent
Zwei Figuren, die deckungsgleich sind, sind *kongruent*. Du kannst auch unter „deckungsgleich“ nachsehen.

König, der (Plural: die Könige)
Ein *König* ist der Herrscher eines Landes. Könige wohnten früher oft in einem Schloss.

Geometrische Körper, der (Plural: die Körper)
Ein *geometrischer Körper* ist immer dreidimensional. Beispiele für einen geometrischen Körper sind zum Beispiel der Würfel, die Kugel oder auch die Pyramide.

korrigieren (korrigiert)
Wenn du etwas verbesserst, dann *korrigierst du* es.

Kreisdiagramm, das (Plural: die Kreisdiagramme)

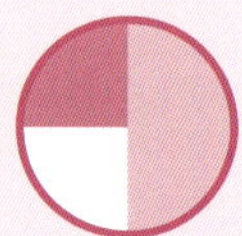

Kringel, der (Plural: die Kringel)
Ein *Kringel* ist ein unregelmäßiger „Kreis“.

Kunstmuseum, das (Plural: die Kunstmuseen)
Ein *Kunstmuseum* ist ein Gebäude, in dem Kunstwerke, wie zum Beispiel Gemälde, zu sehen sind.

Kunstwerk, das (Plural: die Kunstwerke)
Ein *Kunstwerk* ist ein Bild oder eine Statue, das/die ein Künstler gemacht hat.

L

Legende, die (Plural: die Legenden)
Eine *Legende* ist die Erklärung zu einem Diagramm.

(sich etwas) leisten können
Wenn du genug Geld hast, um dir etwas zu kaufen, dann kannst du es dir *leisten*.

Lokaladverb, das (Plural: die Lokaladverbien)
Ein *Lokaladverb* ist ein Wort, das den Ort beschreibt. „Links“ oder „rechts“ sind zum Beispiel Lokaladverbien.

lösen (gelöst)
Wenn du eine Aufgabe oder ein Rätsel *löst*, dann hast du die Antwort herausgefunden. Du hast das Rätsel dann gelöst.

Luftlinie, die
Die *Luftlinie* ist der kürzeste Weg zwischen zwei Orten. Die Luftlinie entspricht dem Flugweg, den zum Beispiel ein Flugzeug fliegen kann. Züge, die auf Schienen fahren, fahren also keine Fluglinie, weil sie zum Beispiel Bergen ausweichen müssen.

M

Maßeinheit, die (Plural: die Maßeinheiten)
Eine *Maßeinheit* zeigt die Menge von etwas an. Gramm oder Kilogramm sind die Maßeinheiten für Gewicht.

Medaille, die (Plural: die Medaillen)
Wenn du einen Wettbewerb gewinnst, bekommst du manchmal eine *Medaille*. Das ist eine Art Kette mit einem runden Anhänger aus Silber oder Gold.

Merksatz, der (Plural: die Merksätze)
In einem *Merksatz* wird das Wichtigste noch einmal aufgeschrieben, damit du es gut lernen, also dir merken, kannst.

messen (gemessen)
Wenn du etwas misst, dann schaust du zum Beispiel, wie lang etwas ist oder wie lang etwas dauert. Mit einer Stoppuhr kannst du zum Beispiel die Zeit *messen*.

mindestens
Wenn an der Achterbahn steht, dass du *mindestens* 1,20 m groß sein musst, dann darfst du erst mit der Achterbahn fahren, wenn du 1,20 m oder größer bist.
Wenn du nur 1,19 m groß bist, darfst du nicht auf die Achterbahn. Mindestens bedeutet, dass eine untere Grenze erreicht oder überschritten werden muss.

Multi-Vitaminsaft, der (Plural: die Multi-Vitaminsäfte)
Multi-Vitaminsaft ist ein Saft aus verschiedenen Früchten und Gemüse.

Multiplikation, die
(Plural: die Multiplikationen)
Wenn du eine Zahl mit einer anderen Zahl malnimmst, dann ist die Aufgabe eine *Multiplikation*.

N

n. Chr. (nach Christi Geburt)
Man zählt die Zeit vor Jesus Christus Geburt und danach. *N.Chr.* bedeutet nach der Geburt von Jesus Christus. Wenn also „500 n. Chr." geschrieben steht, dann bedeutet es „500 Jahre, nachdem Jesus Christus geboren wurde".

Nachbar, der (Plural: die Nachbarn)
Ein *Nachbar* ist jemand, der neben dir wohnt.

Nachbarzahl, die
(Plural: die Nachbarzahlen)
Die *Nachbarzahlen* sind der Vorgänger und der Nachfolger einer Zahl. Es sind also die Zahlen, die in der Zahlenreihe neben einer Zahl stehen.

Nachfolger, der (Plural: die Nachfolger)
In der Mathematik ist der *Nachfolger* die Zahl, die in der Zahlenreihe hinter einer anderen steht. Also die Zahl, die danach kommt, wenn du weiterzählst. Die 5 ist der Nachfolger von 4. Jede Zahl kann ein Nachfolger sein.

Nullpunkt
Der *Nullpunkt* in einem Diagramm ist der Punkt, an dem sich die x-Achse und die y-Achse treffen. Man nennt ihn auch den Ursprung.

O

oft
Wenn etwas viele Male passiert, dann passiert es oft. Ein anderes Wort für *oft* ist „häufig".

Online-Wörterbuch, das
(Plural: die Online-Wörterbücher)
Eine Internetseite, auf der du nachsehen kannst, was ein Wort bedeutet und wie es geschrieben wird.

ordnen (geordnet)
Wenn du zum Beispiel Zahlen in eine Reihenfolge bringst, dann *ordnest du* sie.

Outfit, das
(Plural: die Outfits)
Alles, was du zusammen anziehst, ergibt ein *Outfit*. Zum Beispiel sind Schuhe, Hose und T-Shirt zusammen ein Outfit.

P

Packung, die
(Plural: die Packungen)
Wenn du etwas kaufst, ist es oft eingepackt. Das was zum Beispiel um dein Müsli herum ist, nennt man *Packung* oder auch Verpackung. Auf der Packung kannst du lesen, was darin ist.

parallel
Zwei Linien sind *parallel*, wenn sie nebeneinander sind und sich aber niemals treffen, auch wenn man sie länger zeichnen würde. Sie haben also immer den gleichen Abstand zueinander.

Parallele, die
(Plural: die Parallelen)
Wenn zwei Geraden nebeneinander liegen, also parallel zueinander sind, nennst du sie *Parallelen*.

Preisetikett, das
(Plural: die Preisetiketten)
Das *Preisetikett* ist der Zettel, auf dem steht, wie viel etwas kostet.

Preisliste, die
(Plural: die Preislisten)
Auf einer *Preisliste* steht, was verschiedene Dinge kosten.

Primzahl, die
(Plural: die Primzahlen)
Zahlen, die nur durch 1 oder durch sich selbst teilbar sind, ohne dass ein Rest bleibt, nennt man Primzahlen.
Zum Beispiel ist die 3 eine *Primzahl*.

Quotient, der
(Plural: die Quotienten)
Das Ergebnis einer Geteilt-Aufgabe nennt man *Quotient*.

reservieren, (reserviert)
Wenn deine Eltern im Restaurant einen Tisch *reservieren*, bedeutet das, dass der Tisch so lange frei bleibt, bis ihr kommt. Es darf sich niemand anderes dort hinsetzen.

Rest, der
(Plural: die Reste)
Manchmal kann man eine Zahl nicht durch eine andere teilen, ohne dass ein *Rest* bleibt. Das ist zum Beispiel so, wenn du 9 durch 2 teilst: 9 : 2 = 4.
Die zwei passt dann 4mal in die 9, der Rest ist 1.

Säulendiagramm, das
(Plural: die Säulen-diagramme)

Schaltjahr, das
(Plural: die Schaltjahre)
Wenn ein Jahr 366 statt 365 Tage hat, dann ist das ein *Schaltjahr*. Alle vier Jahre hat der Monat Februar 29 statt 28 Tage und deswegen ist das Schaltjahr einen Tag länger als die anderen Jahre.

(sich) schneiden (geschnitten)
Wenn zwei Geraden sich *schneiden*, dann kreuzen sie sich an einem bestimmten Punkt (dem Schnitt).

Seite, die (Plural: die Seiten)
Ein Buch oder Arbeitsheft hat *Seiten*.
Das heißt, dass man den Blättern Nummern gibt, damit du schnell finden kannst, was du suchst. Wenn zum Beispiel deine Lehrerin sagt „Schlagt Seite 54 auf.“, dann musst du nicht die Blätter zählen, sondern nur die Zahl „54“ suchen. Diese Zahl steht in der Regel in einer Ecke auf dem Blatt.

senkrecht
Senkrecht ist, wenn etwas in einer geraden Linie von unten nach oben oder von oben nach unten verläuft. In der Geometrie hat senkrecht eine besondere Bedeutung: Das bedeutet, dass zwei Linien einen rechten Winkel bilden.

Serviette, die
(Plural: die Servietten)
Eine *Serviette* ist ein Tuch aus Stoff oder weichem Papier, das du beim Essen benutzen kannst, damit deine Kleidung sauber bleibt. Nach dem Essen kannst du auch deinen Mund mit einer Serviette sauber machen.

sortieren (sortiert)
Sortieren ist ein anderes Wort für „ordnen“. Du kannst zum Beispiel Bauklötze nach ihrer Größe sortieren.

Spalte, die
(Plural: die Spalten)
Spalten und Zeilen gibt es in einer Tabelle. Die Informationen, die in einer Tabelle untereinanderstehen, gehören zur gleichen *Spalte*. In deinem Stundenplan sind zum Beispiel die Wochentage die Spalten und die Stunden die Zeilen.

sparen (gespart)
Sparen ist, wenn du nicht dein ganzes Taschengeld ausgibst, sondern einen Teil davon für später behältst. Oft sammelst du es in einer Spardose.

Spiegelachse, die
(Plural: die Spiegelachsen)
Die Line, die eine symmetrische Figur in zwei Hälften teilt, nennt man *Spiegelachse*. An die Spiegelachse musst du den Spiegel halten, damit die halbe Figur wie eine ganze Figur aussieht.

Sprechblase, die
(Plural: die Sprechblasen)
Die *Sprechblase* ist ein Kreis, in dem steht, was eine Person sagt. Sprechblasen findest du oft in Comics.

Stoppuhr, die
(Plural: die Stoppuhren)
Eine *Stoppuhr* ist ein Gerät, mit dem du die Zeit messen kannst. Bei einem sportlichen

Wettbewerb kannst du die Zeit messen, um zu wissen, wer der schnellste Läufer war.

Strecke, die (Plural: die Strecken)
In der Geometrie ist die *Strecke* eine Linie, die zwei Punkte verbindet. Eine Strecke hat also einen Anfangspunkt und einen Endpunkt.

suchen (gesucht)
Wenn du etwas verloren hast oder etwas Bestimmtes brauchst und dir Mühe gibst, es zu finden, dann *suchst du* es.
In einer Matheaufgabe ist das, was „gesucht“ wird das, was du ausrechnen sollst.

Summe, die (Plural: die Summen)
Die *Summe* ist das Ergebnis einer Plus-Aufgabe, zum Beispiel ist 7 die Summe von 3 und 4.

Symmetrie, die
Symmetrie ist ein Fachbegriff aus der Geometrie. Es gibt verschiedene Arten von Symmetrie. Wenn du dich mit Symmetrie auskennst, dann kannst du entscheiden, ob etwas symmetrisch ist oder nicht.

symmetrisch
Wenn eine Figur aus zwei Teilen besteht, die genau gleich sind, dann ist diese Figur *symmetrisch*. Du kannst es mit einem Spiegel überprüfen.

Tabelle, die (Plural: die Tabellen)
Eine *Tabelle* ist wie eine Liste mit Zeilen und Spalten.

teilbar
Das Wort *teilbar* bedeutet, dass etwas durch eine bestimmte Zahl teilbar ist, ohne dass ein Rest übrigbleibt.
Wenn du rechnest: 10 : 2 = 5, Rest 0, ist die Zahl 10 durch die Zahl 2 teilbar. Das Ergebnis ist 5, weil die Zahl 2 fünfmal in die Zahl 10 hineingeht. Es bleibt nichts übrig.

Teiler, der (Plural: die Teiler)
Der *Teiler* ist die Zahl, durch die man eine andere Zahl teilt. Wenn du also die Aufgabe 20 : 5 hast, dann ist die 5 der Teiler. Der Teiler wird auch Divisor genannt.

umgekehrt
Umgekehrt ist ein anderes Wort für „andersherum“.

umrechnen (umgerechnet)
Es gibt unterschiedliche Einheiten, wie zum Beispiel Kilogramm und Gramm, die du *umrechnen* kannst. Wenn du wissen möchtest, ob 50 kg schwerer oder leichter sind als 500 g, dann musst du erst eine Zahl in eine andere Einheit umrechnen. Erst wenn beide Zahlen die gleiche Einheit haben (hier g oder kg) kannst du sie vergleichen oder mit ihnen rechnen.

unendlich
Unendlich ist, wenn etwas kein Ende hat. Zum Beispiel ist eine Gerade unendlich.

Unterschied, der (Plural: die Unterschiede)
Wenn du zum Beispiel zwei Äpfel hast und einer ist rot, der andere grün, dann ist die Farbe der *Unterschied*.
In der Mathematik wird der Unterschied auch Differenz genannt. Die Differenz zeigt an, wie weit zwei Zahlen voneinander entfernt sind. Die Differenz von 5 und 9 ist also zum Beispiel 4, weil es von der 5 bis zur 9 vier Schritte sind. Die Aufgabe dazu wäre: 9 – 5 = 4

Ursprung, der (Plural: die Ursprünge)
Ein anderes Wort für Anfang.
Auch Diagramme haben einen *Ursprung*. Der Ursprung ist dort, wo sich die x-Achse und die y-Achse treffen.

veranstalten (veranstaltet)
Wenn du zum Beispiel deinen Geburtstag mit Freunden feierst, *veranstaltest du* eine Geburtstagsfeier.

verteilen (verteilt)
Wenn vier Freunde eine Packung Kekse mit zwölf Keksen miteinander teilen möchten, dann müssen sie überlegen, wie sie die zwölf Kekse untereinander *verteilen* können. Sie rechnen: 12 : 4 = 3. Jeder der Freunde bekommt also drei Kekse.

verwenden (verwendet)
Statt *verwenden* kann man auch „nutzen“ sagen. Du kannst zum Beispiel dieses Glossar verwenden, um dir Worterklärungen anzuschauen.

Vorgänger, der (Plural: die Vorgänger)
Im Matheunterricht ist der *Vorgänger* die Zahl, die in der Zahlenreihe vor einer anderen steht. Die 1 ist also der Vorgänger von 2. Genauso ist die 5 der Vorgänger von 6 und 12 der Vorgänger von 13.

waagerecht
Wenn etwas von links nach rechts oder von rechts nach links geht, dann ist es *waagerecht*.

Währung, die (Plural: die Währungen)
Währung nennt man die Art des Geldes, das in einem bestimmten Land oder in bestimmten Ländern genutzt wird.
Der Euro ist zum Beispiel eine Währung in Deutschland, Italien und Frankreich usw., der Dollar zum Beispiel in den USA, die Krone in Norwegen.

Wechselkurs, der (Plural: die Wechselkurse)
Der *Wechselkurs* sagt, wie viel Geld aus einem Land in einem anderen Land wert ist. Er sagt also wie viele amerikanische Dollar man für einen Euro bekommt.

Wortspeicher, der (Plural: die Wortspeicher)
Ein *Wortspeicher* ist eine Liste mit Wörtern, die für ein bestimmtes Thema wichtig sind. Der Wortspeicher soll dir helfen, beim Sprechen oder Schreiben die passenden Wörter zu benutzen.

Zahlenstrahl, der (Plural: die Zahlenstrahle)
Der *Zahlenstrahl* ist eine Linie, auf der du alle Zahlen eintragen oder ablesen kannst.

Zeile, die (Plural: die Zeilen)
Wenn etwas in einer Tabelle nebeneinandersteht, dann steht es in einer *Zeile*.

zerlegen, (zerlegt)
In der Mathematik kannst du Zahlen in kleinere Zahlen *zerlegen*. Die 5 kannst du zum Beispiel in die Zahlen 2 und 3 oder 1 und 4 zerlegen.

Ziffer, die (Plural: die Ziffern)
Eine Zahl kann aus einer oder mehreren *Ziffern* bestehen. Zum Beispiel besteht die Zahl 17 aus den Ziffern 1 und 7.

zusammenfügen (zusammengefügt)
Zusammenfügen ist ein anderes Wort für „zusammensetzen“ (siehe die Erklärung zu „zusammensetzen“).

zusammensetzen (zusammengesetzt)
Wenn du etwas zusammensetzt, dann machst du aus vielen Teilen etwas Ganzes. In der Mathematik kannst du eine Zahl aus kleineren Zahlen *zusammensetzen*.
Zum Beispiel setzt sich die 4 aus einer 1 und einer 3 zusammen. Du kannst die 4 aber auch aus 2 und 2 zusammensetzen: 4 → 2 und 2 oder 1 und 3.

zustimmen (zugestimmt, stimmt zu)
Wenn du „ja“ zu etwas sagst oder die gleiche Meinung hast wie ein anderer, dann *stimmst du* zu.

zutreffen (zugetroffen, zutrifft)
Wenn etwas wahr oder richtig ist, dann *trifft es zu*.